坡面地形演变与水沙过程研究

张　攀　杨春霞　孙维营　著

黄河水利出版社
·郑　州·

内 容 提 要

本书在总结坡面沟蚀演变过程及坡面产汇流、产输沙的基础上，采用实体模拟、数学模型、数据分析、科学总结与系统集成相结合的研究方法，围绕坡面地形演变及其对水沙过程的影响展开研究，以坡面地形为切入点，将降雨—径流—地形演变—产流产沙作为一个水动力耦合系统，研究沟蚀形态特征量化方法，辨识坡面地形演变时空分异规律，探明地形变化与水沙产输过程的关系，揭示降雨—产流产沙—坡面形态定量响应规律。研究旨在突破现有坡面水蚀预报模型中尚未解决的空间变异性问题，深化认识流域侵蚀产沙物理过程。

本书可供从事土壤侵蚀、水土保持、流水地貌、生态、水文、自然地理、土壤物理等研究领域的科技工作者阅读，也可供高等院校相关专业师生参考。

图书在版编目(CIP)数据

坡面地形演变与水沙过程研究/张攀，杨春霞，孙维营著.—郑州：黄河水利出版社，2018.4

ISBN 978-7-5509-2027-9

Ⅰ.①坡… Ⅱ.①张… ②杨…③孙… Ⅲ.①斜坡-土壤侵蚀-研究 Ⅳ.①P931

中国版本图书馆 CIP 数据核字(2018)第091024号

组稿编辑：李洪良　电话：0371-66026352　E-mail：hongliang0013@163.com

出 版 社：黄河水利出版社　网址：www.yrcp.com

地址：河南省郑州市顺河路黄委会综合楼14层　邮政编码：450003

发行单位：黄河水利出版社

发行部电话：0371-66026940、66020550、66028024、66022620(传真)

E-mail：hhslcbs@126.com

承印单位：虎彩印艺股份有限公司

开本：787 mm×1 092 mm　1/16

印张：10

字数：230千字　印数：1—1 000

版次：2018年4月第1版　印次：2018年4月第1次印刷

定价：48.00元

前　言

坡面是流域地貌的基本组成单元,也是土壤侵蚀的主要策源地。坡面侵蚀以降雨径流为主要驱动力,通过物质和能量交换使坡地形态不断变化,从而影响坡面水沙过程,导致土壤侵蚀量迅速增加。因此,坡面地形变化对流域地貌的发育和演化过程具有重要的潜在影响。

将水文学和地貌学相结合研究坡面流的形成和动力过程,已成为国内外土壤侵蚀研究的热点和趋势。其中,Kirkby 主编的《山坡水文学》具有里程碑意义。1993 年在日本横滨召开的第六届国际气象及大气物理科学和第四届国际水文科学联合大会上,将水文学和地貌学相结合作为未来水文地貌学研究的主要方向。在我国,大批学者相继开展了以黄土高原典型土壤侵蚀类型区流域地貌和侵蚀产沙过程相结合的研究,为黄土高原水土流失提供了很有意义的治理思路。近年来,随着坡面微地形观测技术的提高和坡面侵蚀发生机制研究的深入,从坡面地貌演变与水沙变化过程分析坡面侵蚀动力过程,成为坡面侵蚀研究的新趋势之一。

为此,本书瞄准土壤侵蚀学科前沿,系统阐述了作者多年来在坡面土壤侵蚀过程量化与模拟方面的最新研究成果。全书共 11 章。第 1 章绪论,系统回顾了细沟侵蚀与坡沟系统土壤侵蚀的研究成果及存在的问题,阐述了坡面地形演变与水沙过程研究的必要性和重要意义;第 2 章细沟侵蚀动态过程实体模拟,详细介绍了坡面水蚀精细模拟降雨试验设计,通过跟踪模拟降雨条件下细沟动态变化的全过程,揭示细沟形态演变特征;第 3 章细沟形态特征量化及实现方法,从地貌学角度出发,将坡面细沟时空演化过程看作一个微地貌,借鉴流域地貌、水系量化方法,研究坡面细沟形态特征量化参数及实现方法;第 4 章降雨驱动下细沟形态时空分异规律,基于细沟形态演变规律分析,对各形态参数的合理性和敏感性进行评价;第 5 章坡面水沙过程与细沟形态的互馈关系,重点研究细沟形成与发育过程对坡面产流产沙及流速分布的影响,探讨细沟形态演变与坡面产汇流、产输沙间的互反馈作用;第 6 章细沟形态非线性量化指标构建,从灰色系统角度来研究坡面侵蚀系统,通过数学方法构建综合性的细沟形态量化指标;第 7 章基于细沟形态变化的黄土坡面侵蚀预报模型,充分考虑细沟发育对坡面侵蚀的贡献,将细沟形态综合量化参数嵌入模型,对陡坡地土壤流失预报模型进行了修正;第 8 章坡沟系统侵蚀动态过程实体模拟,详细介绍了坡沟系统侵蚀动态过程实体模拟系统以及试验观测、数据分析方法;第 9 章坡沟系统侵蚀空间分布及形态演变,分析了坡沟系统不同降雨时段侵蚀空间分布,对坡沟系统中坡面和沟坡部分的侵蚀贡献率变化过程进行了量化分析;第 10 章坡沟系统侵蚀能量空间分布特征,分析探讨了坡沟系统侵蚀能量参数,重点研究了侵蚀能量参数的时空分布特点;第 11 章坡沟系统侵蚀产沙输移规律,分析了坡沟系统侵蚀产沙及泥沙输移规律,探讨了坡沟系统侵蚀产沙随降雨的序时变化过程。

本书研究成果主要来自作者主持和参加的科研项目,包括国家重点研发计划项目

“鄂尔多斯高原砒砂岩区生态综合治理技术”(2017YFC0504500)、国家自然科学基金项目“黄土坡面细沟形态量化描述及侵蚀产沙响应规律”(51409110)、河南省创新型科技人才队伍建设工程“黄丘区降雨—植被—侵蚀响应临界及模拟”(162101510004)、水利部黄土高原水土流失过程与控制重点实验室开放课题基金项目“黄土坡面不同雨强对细沟侵蚀发育形态的影响”(201206)、中央公益性科研院所基本科研经费项目“坡面细沟形态非线性量化指标体系研究”(HKY-JBYW-2014-02)和“坡沟系统侵蚀形态—能量—水沙响应关系研究”(HKY-JBYW-2014-08)。

本书写作过程中,项目组成员通力合作,进行了大量的数据整理分析工作。全书撰写分工如下:第1章由张攀、杨春霞撰写,第2、3、4章由孙维营撰写,第5、6、7章由张攀撰写,第8、9、10、11章由杨春霞撰写。全书由张攀、杨春霞统稿。

另外,本书的撰写得到了姚文艺、唐洪武、刘国彬、肖培青、史学建、左仲国、郝振纯、陈江南、康玲玲等专家的指导和帮助,他们对本书的编写提出了宝贵意见,对提高书稿质量大有裨益,在此作者表示衷心感谢。考虑到全书的系统性,书中参阅了大量参考文献,借此机会,作者向这些参考文献的作者表示衷心感谢。在本书的初稿整理过程中,黄河水利出版社李洪良编辑给予了很大帮助,在此一并表示最诚挚的感谢!

作 者

2018年1月

目 录

第1章 绪 论

水土流失已成为全球性的环境问题,《Science》曾刊发文章,认为古老的玛雅文明突然消失的原因就是水土流失。玛雅文明的悲剧绝非孤例,曾养育了辉煌中华文明的黄河流域,同样在遭受严重水土流失的威胁。尤其在黄土高原地区,大陆性季风气候带来的多暴雨条件,以及黄土疏松多孔、遇水沉陷的特性,使黄土坡地极易受到水力侵蚀,在黄河每年输入下游的16亿t泥沙中有40%~60%来自黄土高原坡耕地。坡面水蚀既是坡耕地表土和养分流失的主要原因,又是水体非点源污染的重要来源,是该地区土壤贫瘠、土地沙化、生态环境恶化的根源。

坡面是流域地貌的基本组成单元,也是土壤侵蚀的主要策源地。近10年来,国内外研究者将坡面水蚀动力过程的研究热点转向了水文学与地貌学的交叉方向,形成了"坡面水文地貌"这一新的研究领域。坡面地形演变与水沙过程耦合研究成为新兴研究方向,其中坡面细沟形态发育和坡沟系统侵蚀形态变化是坡面地形研究中的两个重要问题。

1.1 细沟侵蚀研究的意义

细沟侵蚀是黄土坡面水蚀的重要方式,也是面蚀向沟蚀转化的初始阶段,坡面漫流转化为集中股流可导致产沙增加几倍到几十倍。在细沟侵蚀过程中,降雨—水沙输移—细沟形态演变组成了一个微型水文地貌系统(见图1-1),此系统以降雨径流为主要驱动力,通过水沙运移和能量交换迫使细沟形态不断变化,细沟的出现使坡面面流转化为集中股流,进而深刻地影响坡面径流、入渗、泥沙输移和产流产沙过程。细沟的发育加剧了水流与土体间的互反馈作用,使其非线性特征更加突出,水沙输移特性将发生本质改变。

以往的研究通常只关注到坡度、坡长等宏观地形因子对坡面侵蚀产沙的影响,而忽略了细沟形态等微观地形因子的影响,例如在目前广泛应用的土壤侵蚀预报模型WEPP(Water Erosion Prediction Project)、GUEST(Griffith University Erosion System Template)、EUROSEM(European Soil Erosion Mode)中,由于在模拟过程中假定细沟宽度不变,缺少对坡面地形演化信息的输入,使得模拟结果要经过参数标定才合理,影响了其作为物理模型的意义及预报精度。因此,要充分认识坡面侵蚀输沙过程的本质及侵蚀演变过程的内在作用机制,提高坡面侵蚀产沙预报模型的精度,就必须研究这一过程发生、发展的水力、土壤、地形条件以及各过程间相互转化的机制,从地貌学角度对细沟形态及其变化过程进行量化描述。

以坡面细沟形态为切入点,开展坡面细沟侵蚀过程定量研究,对于揭示下垫面地形变化对产汇流产输沙过程的影响,深化认识黄土高原土壤侵蚀规律具有重要意义;同时,能够为坡面水蚀预报模型的建立提供地形空间演化信息,对于完善黄土高原坡面侵蚀产沙模型,深化认识坡面侵蚀动力规律和水土流失区生态环境恢复重建等,具有重要的实践和应用价值。

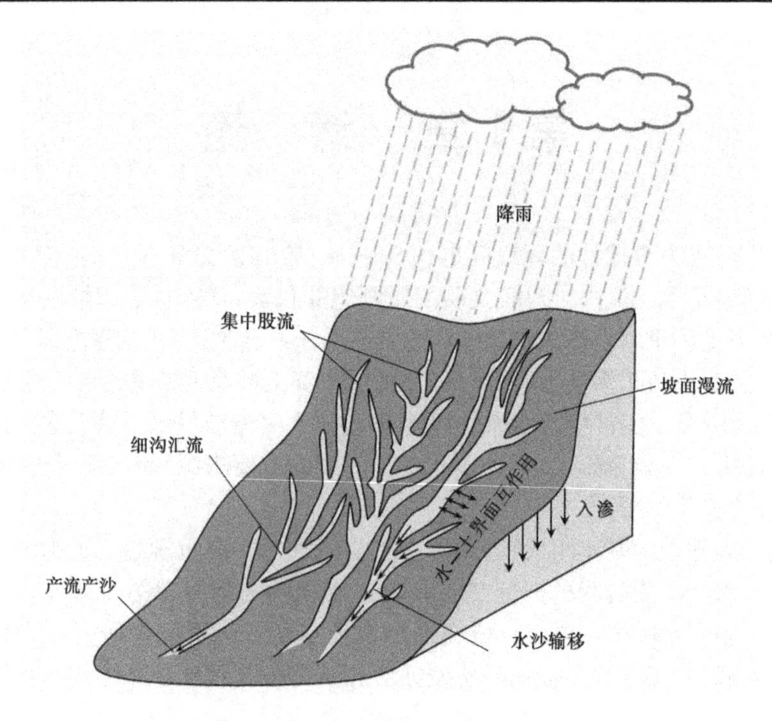

图 1-1 坡面水文地貌系统

1.2 坡沟系统研究的重要性

黄土高原可以看作是许多直接汇入黄河干流或其各级支流的沟道小流域组成的集合体。其大的地貌单元可划分为沟间地和沟谷地两种形态。一般以沟谷缘线为界,其上为由各种梁峁顶面、斜坡、台塬等构成的沟间地,其下为由谷坡、切沟、冲沟、干沟、河沟等沟道所构成的沟谷地。在黄土高原的任一沟道小流域,从分水岭至沟谷底部的纵向斜坡剖面上,沟间地和沟谷地常沿垂向连续分布,相应的各种侵蚀微地貌也呈现有序的垂向排列格局。这种由沟间地和沟谷地及各种环境要素所构成的,具有独特结构与功能的垂向空间连续结构体,称为坡沟系统。坡沟系统是联系坡面和流域的关键地貌单元,也是黄土高原流域产汇流和侵蚀产沙的基本组成单元,其侵蚀产沙规律的研究是认识流域产沙机制,调控流域泥沙来源和水土流失区生态环境恢复重建的关键科学问题,也是建立水土流失预报模型,评估流域水土流失环境,预测其发展趋势的关键和难点。坡沟关系与以下三方面的内容紧密联系,即坡沟系统土壤侵蚀规律、流域侵蚀产沙过程的调控方略和流域水土流失治理措施的配置,其核心是揭示坡沟系统侵蚀产沙过程机制及坡沟关系。黄土高原坡沟侵蚀产沙关系的研究源于 20 世纪 50 年代治坡为主还是治沟为主的争论,其实质反映了侵蚀规律研究的薄弱。

目前,关于坡沟系统水力学及动力学参数的研究主要针对径流沿程过程的定性分析,并与侵蚀物质的输移过程进行了比较分析,但坡沟系统的侵蚀过程复杂,目前的研究成果并不多,侵蚀过程的复杂性、侵蚀过程中坡面演变和水沙关系变化的机制尚不清楚,且大多没有考虑坡沟系统的侵蚀发育阶段。而坡沟系统是理论研究、生态治理基本单元,是揭示坡沟系统土壤侵蚀机制、水土保持措施布设和水沙调控的需要。因此,探索坡沟系统的侵蚀发育机制,尚需进一步的深入研究。现有观测水平提高、新技术的应用及试验平台的发展为研究工作提供了便利。

因此,开展坡沟系统不同发育阶段的侵蚀形态—能量—水沙关系的相互作用关系研究,定量阐述坡面侵蚀与沟坡侵蚀对坡沟系统水沙搭配关系的作用程度,可为客观评价坡沟系统不同发育阶段水沙关系提供试验支撑,同时为坡沟系统的措施布局优化奠定理论基础。阐明不同侵蚀阶段的产沙空间分布,定量剖析坡面产沙、沟坡产沙对坡沟系统水沙搭配关系的贡献率,分析坡沟系统侵蚀力分布与侵蚀形态演变、侵蚀物质输移的响应关系,提出相应阶段的水土保持措施布局原则,可为揭示侵蚀空间分布及水土保持措施的调控作用提供试验支撑,为黄土高原地区水土流失治理措施的优化配置和水沙调控措施提供理论依据。

1.3 细沟形态与泥沙输移研究现状

1.3.1 细沟形态演变与模拟

随着对坡面微地形观测技术的提高和对坡面侵蚀机制研究的深入,坡地土壤侵蚀研究开始转向坡面地形演变与水沙产输过程的耦合机制研究。研究主要包括细沟动态变化过程的数值模拟和细沟形态发育与侵蚀动力过程的试验模拟两个方面。

近年来,模拟和预报细沟形成与演变的数学模型开始发展,所用模拟方法主要基于随机模型、自组织模型、水动力学模型等。Fujiwara 和 Fukada 于 1989 年建立了第一个基于坡面细沟形态分形几何理论的随机模型,虽然该模型未考虑细沟形成的土壤和降水等物理机制,但是模拟出来的结果与实际情况非常相似。Wright 和 Webster(1991)采用随机模型对细沟形态与侵蚀过程间的动态关系进行了模拟,但由于未考虑坡面微地形的作用,模拟结果并不理想。

坡面是一个开放的自组织系统,它具备自组织系统的特点,即总是追求系统的有序性。从系统论的观点看,细沟发育过程实际上是由系统的无序输入(降雨、径流等),经自组织系统调整后(坡面能量交换),产生的有序输出过程(产流产沙、地形变化)。因此,有一些学者开始尝试用自组织理论来模拟细沟的发育过程。1998 年 Mortlock 基于自组织理论,建立了描述细沟发育过程的一维模型,但该模型只能用于模拟高程的变化,而无法模拟细沟长度和宽度的变化。2001 年倪晋仁等克服 Mortlock 所建模型的缺点,基于自组织理论建立了考虑地表入渗影响的坡面细沟发育三维空间模型,用长度和深度表征细沟形态特征,对不同坡度下细沟发育过程进行了模拟。2004 年雷廷武等采用水动力学模型,建立了集中水流作用下均质土壤坡面细沟侵蚀模拟数学模型,描述了试验中沟宽的周期性形态变化。这些研究有力地推动了坡面细沟发育演化机制的发展,但是数值模拟的问题在于需要用大量的试验数据来率定模型参数,且在参数采集过程中,受降雨、地形、土壤性质等诸多因素影响,选取较为困难。细沟的发展是一个土壤特性和时空变量相互作用的复杂过程,细沟形态的形成是一个决定性和随机性相互作用的过程。因此,即使一个模型可以准确地预测在径流小区出口的产沙量,但是对泥沙在细沟中沿程的沉积过程预测效果非常不理想。

近年来,国内外许多学者尝试将元胞自动机(Cellular Automata,简称 CA)理论引入坡面水蚀过程模拟研究中来,如 Mortlock 于 1998 年采用 CA 理论开发了一款"RillGrow"模型,用于细沟系统形成和发育过程的模拟,并成功模拟了一小块裸露坡面细沟网络的形成发育过程;原立峰等(2012)结合黄土坡面侵蚀发育特点,将 CA 原理应用于黄土坡面细沟侵蚀模拟中,并构建了基于 CA 的细沟侵蚀模型;吴淑芳等(2015)对同一坡面在三场间歇性降雨驱动下的细沟发育演化过程进行了研究,并用 CA - Rill 模型将试验与模拟结果进行比对,认为 CA - Rill 模型可较好地模拟细沟侵蚀演化过程。

微地形观测技术的发展促进了细沟形态演变试验模拟的开展,试验通常在实验室或现场试验观测小区进行,在自然或模拟降雨条件下选取不同性质的土壤进行研究。例如,Brunton 等(2000)在加拿大的淤泥质水槽中进行了模拟降雨试验,采用细沟长度和横截面特性参数研究细沟头部形态在细沟演变系统内部的发展。陈俊杰等(2013)通过对塿土、黄绵土两种土壤坡面进行监测,发现其细沟发育形态完全不同,塿土坡面成平行状分布,黄绵土细沟为较宽树枝状。Shen 等(2015)通过室内人工模拟降雨试验,对黄土坡面细沟侵蚀及其形态特征开展研究,对降雨强度和坡度对细沟的综合影响进行了分析。

试验模拟中,一些研究者试图通过选取不同的细沟形态代表参数,将细沟形态发育过程与侵蚀动力过程相结合。白清俊(1999)以细沟宽、深为形态参数,得到了细沟宽、深与沟内径流量与水流能坡间的变化关系。雷廷武等(2000)以细沟沟宽为形态参数,通过水槽试验,提出了一种数学模型来描述其周期性变化。孔亚平、张科利(2003)以细沟密度为形态参数,研究了其随雨强、坡长的变化关系。肖培青等(2008)通过坡面发育不同阶段细沟沟头溯源、沟床下切和沟壁扩张速率、沟蚀宽度和深度的变化规律,研究坡面侵蚀方式演变对侵蚀产沙量的影响。严冬春等(2011)将跌坑—细沟表面面积、周长、直径及细沟下切深度扩展速率等作为形态代表参数,对发生在紫色坡耕地上的细沟形态演变规律进行了试验研究。和继军等(2013)以细沟密度、深度、宽度为形态参数,对比了杨凌塿土和安塞黄绵土的细沟发育规律。以上成果深化了对细沟形态演变规律的认识,但由于各家学者在研究时选取了不同的细沟形态代表参数,很少有研究关注参数选择的影响,对各参数的优劣性缺乏统一的评价标准。

1.3.2 细沟发育形态量化方法

细沟侵蚀形态的复杂性、不规则性以及多维度性,使其定量研究十分困难。最初对这一形态的研究是基于定性的调查分析,通过归纳得出某些侵蚀规律,但是定性的研究方法无法揭示侵蚀地貌的内在规律,随着对坡面侵蚀研究的不断深入,对这一形态的研究进入了定量化研究阶段。目前,坡面细沟形态量化方法主要分为两类:一类是统计学方法,一类是非线性方法。

基于统计学的量化方法主要是从几何角度对细沟形态进行量化,将高度概括的单因子指标,如细沟长度、宽度、密度、切割深度等,作为坡面细沟形态的表征参数。这种量化方法对建立细沟形态与侵蚀要素间的定量关系有一定作用,但由于坡面侵蚀地貌是一个非线性动态系统(Nonlinear Dynamical System,简称 NDS),以线性方法来量化这一非线性变化过程,虽然可以使问题得到简化,但是难以有效揭示这一系统的复杂性(自组织性、自相似性、多维度性及时空耦合性等)。分形几何理论的出现为这一地貌的量化提供了新的思路,Mandelbrot 于 1967 年在《Science》杂志上发表了《英国的海岸线有多长》的论文,标志着分形思想的出现,此后,以分形几何(Fractal Geometry)为代表的非线性科学开始在地貌学中得到广泛应用。

20 世纪 90 年代,美国、西欧和日本首先开展了分形理论在地貌学中的应用,随后,我国学者围绕黄土高原流域地貌展开了大量分形研究。其中有代表性的如姚文艺等(2005)提出了基于分形维数的流域地貌形态特征测定模型,并以黄土高原岔巴沟流域为例,对流域水沙特性与流域分形地貌的耦合关系进行了研究。崔灵周等(2006)基于分形理论和 ArcGIS,研究了黄土高原典型土壤侵蚀类型区流域地貌的分形特征、尺度转换、侵蚀产沙地貌临界等。

坡面细沟沟网被看作是流域水系发育的初始阶段,分形理论在流域水系的应用为开展细沟沟网分形研究奠定了理论基础。在此基础之上,Fujiwara 于 1990 年借助人工降雨试验,对发生在花岗岩质土壤坡面上的细沟演变过程进行了模拟,并以分形维数作为量化参数,分析了细沟形态随时间的变化过程。在国内,王协康等于 1998 年首次将随机理论和分形几何学方法引入坡面侵蚀形态研究中,以细沟分形维数为形态参数对坡面侵蚀的平面形态进行了定量描述。薛海等(2008)通过试验研究了坡面侵蚀过程、冲刷流速(量)与细沟分形特征之间的关系;张风宝等(2010)将 Be 示踪和分形理论相结合,比较了不同坡度下细沟沟网分形特征的动态变化过程,分析了细沟分形维数与侵蚀量之间的关系;杨春霞等(2011)采用人工模拟降雨试验,研究了坡面细沟分形维数与水动力学参数间的响应规律,在细沟形态变化与坡面水动力学响应方面取得了一些初步认识;张莉等(2012)采用分段降雨的方法,计算得到了不同水蚀阶段的细沟分维值。

1.3.3 细沟侵蚀输沙能力研究

坡面侵蚀产沙是径流冲刷作用和土壤颗粒抗侵蚀作用相互协调的结果,水流含沙量和输沙能力之间的对比关系直接影响土壤的剥离、搬运及沉积过程。由于细沟发育过程中的水动力学特性变化规律尚不清楚,细沟水流对土壤颗粒的作用仍然比较模糊,目前缺乏有明确物理意义的细沟侵蚀输沙能力公式。

多数坡面输沙能力公式是基于明渠水流运动理论建立的,但由于坡面水流特性不同于普通的明渠水流,对这些公式的适用性一直存在争论。Alonso 等(1981)检验了 Meyer - Peter、Einstein - Meyer、Bagnold、Yalin、Yang 等 9 个河流输沙力公式后指出,只有 Yalin 公式满足坡面水流输沙过程。Julien 等(1985)研究了 14 个推移质输沙率公式对片流侵蚀的适用性,认为仅 Englund - Hanson 公式可以接受。Guy 等(1992)通过比较 Yang、Duboys、Bagnold、Laursen、Yalin 和 Schoklitsch 六种输沙能力公式,认为所有模型都不适用于坡面流。总体来讲,大多现有明渠流输沙公式不能直接用于坡面水流输沙能力计算,目前完全针对坡面流输沙的研究十分有限,尚无可用的计算方法。

一部分研究者基于野外观测资料和室内试验数据，用水流剪切力、水流功率、单位水流功率等水动力学参数来构建水流输沙能力公式。Lu 等(1989)通过对3种不同团粒结构的土壤进行室内模拟试验，研究认为沙壤土坡面水流输沙能力可以用剪切力的幂函数来表征。Govers(1990)采用5组不同中值粒径加沙试验发现，输沙能力与切应力关系最优。Nearing 等(1997)在对大量细沟侵蚀试验数据分析的基础上，建立了坡面产沙与水流功率间的关系表达式。张光辉等(2002)认为单宽流量与输沙能力关系最密切。Kumar(2010)提出了无量纲水流功率的概念，并以此来描述坡面泥沙的输移过程和预测泥沙起动条件。姚文艺等(2011)则认为断面比能是表征产沙的主导因子。国外的水土流失模型也分别采用不同的水动力学参数来表征水流分离与输沙能力，如 CREAMS、WEPP 等主要采用水流剪切力模型，而 GUEST 则主要采用水流功率模型。由此可见，影响坡面水流输沙能力的主要指标是水流强度，但究竟哪种水流强度参数是径流输沙的动力学原因，并对径流输沙发生核心动力作用，目前尚无定论。

坡面径流输沙能力是构建土壤侵蚀模型的重要参数，确定坡面输沙能力一直是土壤侵蚀研究的热点。坡面是一个开放的水文动力系统，降雨对应系统能量的输入，产流产沙对应系统能量的输出，系统内部能量交换迫使地形不断变化，进而与泥沙输移过程发生响应。因此，从能量角度出发，研究细沟形态与泥沙输移的互馈机制，将有助于从机制上探明坡面水沙运移过程，是科学评估下垫面条件对土壤侵蚀过程影响的基础性问题。

1.3.4 坡面土壤侵蚀预报模型研究

坡面土壤侵蚀预报模型的建立是进行土壤侵蚀流失量预测、预报的关键环节。目前，已开发的侵蚀预报模型分为经验模型和物理模型两大类。

经验模型的代表是通用土壤流失方程(USLE)及其修正方程(RUSLE)。其中，USLE是基于因子的预报模型，该模型包含了影响坡面土壤侵蚀的主要因素，且模型形式统一，因此在世界各地得到了广泛应用。这一模型在中国也得到了广泛应用。其中，最具代表性的是江忠善等(2005)根据黄土高原浅沟侵蚀特点，对 USLE 模型进行的修正，在模型中嵌入了浅沟侵蚀因子，修正后的模型更适合在黄土高原地区应用。但 USLE 模型的缺点在于，没有考虑泥沙的输移与沉积，模型中互相作用的变量重复计算，而其他因子之间的交互作用则被忽略。1987 年美国农业部对 USLE 进行了修订，将修订后的模型更名为 RUSLE，目前 RUSLE 是研究土壤侵蚀最好的经验模型。经验模型的优点在于形式简单且所需参数容易获取，但不足之处在于其是一个“黑箱”模型，即仅能预报一定区域一定时间段内的总产沙量，而无法获得侵蚀过程中相关因素的变化过程。

随着侵蚀动力学研究的不断深入，人们开始尝试从动力学角度出发，构建基于物理过程的动力学模型。其中最具代表性的物理过程模型是美国农业部于 1995 年开发完成的 WEPP 模型，其核心是基于坡面在不同土壤、管理方式、气象条件下的水蚀过程，而其流域规模的应用是在空间上对每个坡面的集成。WEPP 模型是公认的目前最好的物理模型，但所需参数需要经过标定才能使用，成为限制模型发展的瓶颈，如坡面水流的输沙能力、土壤可蚀性参数、土壤的临界抗剪应力等参数尚不能直接通过试验测得，仍然要采用经验公式标定，且在 WEPP 中，由于对坡面侵蚀中的地形演化过程不加考虑，造成模拟结果误差较大。与 WEPP 一样,EUROSEM 也是基于物理过程的稳态模型,模型假定细沟宽度均匀、水力糙度不变,未能解决空间变异性,因为得不到土壤侵蚀的发展及演化信息,影响了对土壤水蚀过程的理解和预报,成为限制这些模型发展的瓶颈。

上述分析表明,国内外在坡面侵蚀预报模型研究方面已经取得了丰硕的成果,但现有模型未充分考虑细沟形态特征对侵蚀预报结果的影响,从而影响了预报模型的精度。因此,今后的努力方向应该是对现有模型的修正和构建基于细沟形态变化的侵蚀预报模型。由此可见,要深入认识坡面侵蚀系统内各因素间的相互作用关系,建立具有物理意义的坡面侵蚀产流产沙预报模型,就必须从地貌学角度对细沟形态及其变化过程进行深入研究。

1.4　坡沟系统物质与能量输移研究现状

1.4.1　坡沟系统产流产沙研究

坡沟系统侵蚀形态的演变过程和侵蚀量的空间分布方面的定量研究成果较少见,目前主要是关于坡沟系统的侵蚀分带性和坡沟系统侵蚀方式划分方面的定性研究。

对坡沟系统侵蚀分带性的认识,早期主要是基于野外调查和工作实践。唐克丽(1991)、雷阿林等(1997)在总结前人的研究成果的基础上,深入系统地论述了黄土高原地区土壤侵蚀的区域特征,分析和讨论了黄土区土壤侵蚀方式和侵蚀形态的垂直分带性规律,定性阐述了坡沟系统土壤侵蚀方式和侵蚀形态空间垂直分异的基本格局。

模拟试验手段的运用,为坡沟系统侵蚀过程与侵蚀机制的深入研究提供了手段。王文龙等(2007)通过室内人工模拟降雨试验,将坡沟系统侵蚀过程分为片蚀、细沟侵蚀、浅沟侵蚀和切沟侵蚀阶段。

丁文峰等(2006,2008)根据黄土高原坡面从分水岭到坡脚,径流侵蚀产沙方式和产沙强度等特征表现出来的明显的垂直分带性这一特征,采用坡沟系统模型,对坡面不同来水量、来水含沙量及来水动能对沟坡侵蚀产沙的影响进行了研究,并建立了坡沟系统侵蚀产沙过程的数学模型。

以上的研究在坡沟系统侵蚀方式和侵蚀形态的垂直分带方面取得了一定的成果,但不难看出,所有的研究都认为坡沟系统的侵蚀方式和侵蚀形态存在着垂直分带性,但是没有量化的研究结果。

三维激光扫描技术和 ArcGIS 技术的应用,为研究侵蚀过程提供了先进技术条件,杨春霞等(2011)以人工降雨模拟试验为研究手段,以三维激光扫描得到的坡面地貌点云数据为数据源,以 ArcGIS 软件为工具进行坡面侵蚀形态分形维数计算,研究了不同雨强条件下裸坡坡面的侵蚀分布特征和 45 mm/h 雨强条件下的坡面流水动力学参数的沿程分布特征,经过参数筛选分析发现,径流剪切力和分形维数的相关关系较强,试验条件下,细沟内径流剪切力 $\tau(r)$ 和分形维数 D 满足 $D = 1.9034 + 0.0998\tau(r)$,相关系数达到 0.91。以上研究为开展坡沟系统侵蚀发育形态的分形量化、侵蚀形态与侵蚀力参数的相关性研究奠定了基础。

1.4.2　坡沟系统侵蚀物质输移研究

所谓坡沟系统侵蚀物质,是指坡沟系统中的产流产沙以及它们之间的搭配关系,目前关于坡沟系统侵蚀产沙过程的研究主要是通过径流冲刷或人工降雨试验两种手段进行的,涉及有无植被影响和有无上方来水两个方面的研究成果。

李勉等(2005)通过室内放水试验对坡沟系统坡面不同草被覆盖度及空间配置下坡沟系统侵蚀产沙过程与变化特征进行了研究。结果表明,坡面草被覆盖度越大,侵蚀产沙量越小;坡面草被不同配置下的产沙量随冲刷流量的增大,其产沙差异性变小;小流量时,产沙量大小依次是:坡上部>坡中部>坡下部,大流量时,不同草被空间配置下的产沙量变化规律不十分显著,说明有必要研究不同流量下的坡面侵蚀力分布情况,以便深入认识导致不同配置下产沙差异的根本原因。

程圣东等(2016)以坡—沟系统物理模型为载体,通过间歇性模拟降雨试验对坡面5种覆草格局的产流产沙特征进行了分析,指出坡下部种植草带的蓄水减沙效益总体优于坡上部,不同植被格局的蓄水减沙效益依次为:坡面中下部>坡下部>坡面中上部>坡面上部,即将草带种植在距离坡面4 m时其水土保持效果最佳。在不同格局条件下,随着模拟降雨历时的延长,径流量快速增加达到稳定状态,产沙量急剧减少达到波动稳定状态。

在上方来水来沙对坡沟系统侵蚀的影响方面也取得相应的研究成果,一致认为上方来水来沙可增大坡沟系统的土壤侵蚀。但由于研究的方法等不同,上方来水来沙增加土壤侵蚀量的差异较大,且仍缺少增加土壤侵蚀的原因及机制性的相关分析。

陈浩等(1999)定量研究了坡面来水来沙在沟坡上的净产沙量和搬运量及含沙水流的侵蚀特性,提出了坡面水下沟“净产沙增量”的概念,认为坡面来水来沙在小流域产沙中起决定性作用。雷阿林(1996)通过建立实体模型,研究了上坡来水对不同坡段产沙的贡献,结果表明,由于上坡来水的作用,梁峁坡的产沙量增大了20.2%~63.5%,谷坡的产沙量增大了42.9%~74.5%。郑粉莉等(1998)的研究表明,上方来水来沙使细沟侵蚀带的侵蚀产沙量和浅沟侵蚀带的侵蚀产沙量分别增加13.5%~37.3%和6.5%~82.8%;上方来水来沙对坡下方侵蚀量增加的多少主要取决于上方来水量及其来水含沙量、降雨特征和下垫面侵蚀状况。肖培青等(2007,2009)利用变坡度坡沟系统模型和人工模拟降雨试验,分析了不同降雨强度下的坡沟系统产流产沙过程,揭示了坡面沟道侵蚀产沙耦合特征,结果表明,梁峁坡面来水径流量与沟坡净侵蚀量之间呈幂函数关系,梁峁坡面来水含沙量与沟坡净侵蚀量之间呈反线性相关。王玲玲等(2013)以黄土丘陵沟壑区桥沟流域坡沟系统为原型观测对象,利用流域内布设的相互分离的不同地貌单元大型径流场定位观测设施,分析了不同雨型下不同地貌单元的侵蚀产沙特征,指出产沙量:上半坡<下半坡<梁峁坡<沟谷坡<坡沟系统,说明当侵蚀能量由上半坡传递到下半坡后,对于整个梁峁坡有增沙作用;同样,梁峁坡的侵蚀能量传递到沟谷坡后,对于整个坡沟系统有增沙作用。进一步研究在不同的降雨事件中不同地貌单元的增沙来源部位是控制各类地貌单元土壤侵蚀的关键。

1.4.3　坡沟系统侵蚀能量研究

坡沟系统侵蚀能量研究指以各种侵蚀力、功率和能耗等动力学和水力学参数为标志的研究成果。目前,关于坡沟系统水力学及动力学参数的研究主要针对径流沿程过程的定性分析和定量研究,并和侵蚀物质的输移过程进行了比较分析,但坡沟系统的侵蚀过程复杂,目前的研究成果并不多,且目前的研究成果没有考虑坡沟系统的侵蚀发育阶段,因此探索坡沟系统的侵蚀发育机制,尚需进一步的深入研究。

王文龙等(2007)通过室内人工模拟降雨试验,将坡沟系统侵蚀过程划分为片蚀、细沟侵蚀、浅沟侵蚀和切沟侵蚀阶段,分析了坡沟系统各侵蚀阶段的水力参数、泥沙参数变化及其相互关系,并以雷诺数、弗汝德数及过水断面单位能量为参数作为不同侵蚀方式发生的动力临界值。

魏霞等(2009)采用坡面和沟坡组合模型,通过室内放水冲刷试验,结合 REE 示踪技术,研究了黄土高原地区径流的水动力学特性。结果表明,在试验流量范围内,坡沟系统径流雷诺数变化位于 342.3 ~858.8,且变化幅度随冲刷历时的增大而增大;弗汝德数变化位于 1.36 ~8.92,且具有时空分异特征。相同流量下,坡沟系统的坡面径流流速沿程有先增大后减小的趋势,在从坡面向沟坡过渡时,各流量下的流速均达到极小值,进入沟坡以后,流速又开始增大。当流量相同时,Darcy - Weisbach 阻力系数和曼宁糙率系数沿程均呈先减小后增大再减小的趋势。

肖培青等(2009)利用变坡度坡沟系统概化模型和人工模拟降雨试验,定量分析了在 60 mm/h、90 mm/h 和 130 mm/h 降雨强度下坡沟系统坡面径流流态及水力学参数特征。结果表明,上方汇水和降雨强度的增大使坡沟系统水流雷诺数和弗汝德数明显增大,水流流态由缓流演变为急流,坡面水流阻力系数明显减小,从而使坡沟侵蚀产沙量显著增大。

李勉等(2005)利用试验土槽和放水冲刷试验方法研究了 2 种流量 5 种草被盖度坡面及 3 种空间配置下,坡沟系统坡面径流能量的变化过程与特征。结果表明,有草断面比无草断面下的径流动能、势能普遍偏小,变化幅度也较平缓; 各断面能耗时间上呈下降—稳定的变化趋势,空间上随着径流流程的增加呈显著增加趋势;坡面流能耗变化过程与径流含沙量变化过程基本一致,裸坡情况下二者关系更为密切。在草被覆盖及其空间分布对坡沟系统土壤侵蚀的影响研究方面进行的定量研究比较少,主要是李勉等采用概化的坡沟系统模型进行了一系列的室内放水冲刷模拟研究,得出了一些定性的结论,但放水冲刷和降雨试验的能量演进过程不同,至于草被覆盖及其空间分布对野外坡沟系统的影响是否也存在类似室内研究结果的结论,还需深入研究。

1.5　坡面侵蚀产沙与地形因子响应研究现状

土壤侵蚀的研究经历了一个从定性到定量的发展过程,早期研究以定性为主,20 世纪 70 年代以后,我国开始注重土壤侵蚀的定量研究。在土壤侵蚀的研究中,降雨、地形、植被覆盖度被认为是影响侵蚀产生的重要因素,其中地形因子决定着地面物质与能量的形成和再分配,是影响水土流失的重要因素之一。对于侵蚀的基本单元——坡面而言,地形因子包含坡度、坡长、坡面细沟形态和坡形四个方面。

1.5.1 坡度与土壤侵蚀产沙的响应关系

坡度对坡面径流与水流侵蚀产沙过程的影响一直是各国学者研究的热点。目前的研究成果中，坡度对土壤侵蚀的影响研究主要围绕临界坡度以及坡度对侵蚀强度的影响两方面。

国内外研究普遍认为坡面侵蚀产沙量并不随着坡度的增长而持续增加，而是存在一个侵蚀量发生变化的临界坡度。在一定的坡度范围内，坡面产沙量随坡度的增加而增加，当超过某一坡度后坡面产沙量不再增加。

为了寻求这一临界坡度，国内外学者从侵蚀作用发生的机制、坡面土壤颗粒的受力方面，对临界坡度进行了理论推导。但由于影响土壤侵蚀的因素众多，研究的角度、对象不同，通过理论方法推导出的结果也存在差异。表1-1中统计了各国学者通过理论推导方法得到的临界坡度成果，除靳长兴采用能量理论推导出的结果明显较小外，其他理论值都大多在40°以上。

表1-1 临界坡度理论推导研究结果

研究者	年份	试验土壤	理论推导方法	临界坡度
Horton	1945	美国	曼宁公式	57°
钱宁等	1983	—	坡面水流切应力公式	40°
曹文洪	1993	—	水流拖曳力，考虑泥沙粒径、径流深和坡面糙度	41.4°~45°
靳长兴	1995	—	能量守恒	24°~29°
李全胜等	1995	理想均质坡面土壤	单位坡面承雨强度，考虑降雨倾角和风向	45°
张光科等	1996	坡面非均匀沙	泥沙颗粒在径流作用下的受力分析	$3/4\varphi$（φ为泥沙颗粒的水下休止角）
刘青泉等	2001	—	坡面流切应力、土壤的抗冲蚀能力、坡面流速	41.5°~50°
倪九派等	2009	三峡库区紫色土	运动波理论	35.93°~40.78°

从理论推导的结果来看，临界坡度并不是一个定值，它会随着坡面土壤性质及降雨、冲刷条件的不同而发生变化。于是一些学者采用实际观测资料分析和模拟降雨试验等手段寻求不同研究区域、不同土壤性质、不同降雨条件下的临界坡度值。表1-2中列出了不同研究区域的模拟降雨试验及观测资料研究结果，就我国地区而言，不同性质的土壤取得了较一致的研究结果，临界坡度大多介于20°~25°。

通过理论推导出的临界坡度值较实测资料分析和模拟降雨试验得出的值普遍偏大。实测资料分析和试验结果表明临界坡度在30°以下，理论分析则大多认为临界值在30°以上。究其原因，一方面，是由于理论分析考虑理想状态较多，推导中对侵蚀过程做了一定的假设和忽略了一些影响因素,在一定程度上影响了模拟的真实性;另一方面,径流小区试验和室内模拟降雨试验的土壤通常是扰动后的土壤,土壤的天然结构受到了破坏,使得抗蚀性降低,因此得到的坡度临界值较低。

表1-2 不同区域临界坡度试验及观测研究结果

研究者	年份	试验土壤或地区	研究方法	临界坡度
Renner	1936	美国爱达荷州博伊斯河流域	实地调查	40.5°
陈永宗	1976	黄土高原径流小区	观测资料分析	25°~28°
Bryan	1979	加拿大艾伯塔省土壤	模拟降雨	15°~18°
陈法扬	1985	江西第四纪红黏土发育的红壤	室内模拟降雨试验	25°
陈浩	1986	北方土石山区马兰黄土	室内模拟降雨	总溅蚀量为19.6° 向下坡溅蚀量为24.8° 下坡净搬运量为29.8°
王玉宽	1993	安塞黄绵土	野外模拟降雨	26°
江忠善等	1989	安塞黄绵土	野外模拟降雨	总溅蚀量为21.4° 向下坡溅蚀量为26.3° 下坡净搬运量为30°
吴普特等	1991	安塞黄绵土	室内模拟降雨	向上坡溅蚀量为20°~25° 向侧坡溅蚀量为10°~15°
吴普特等	1993	安塞黄绵土	室内模拟降雨	在雨滴击溅力与薄层水流冲刷力共同作用下为22°~30°
石生新	1996	安塞纸房沟黄绵土	野外人工降雨	23.4°~27.3°
赵晓光等	1999	陕北安塞水土保持试验站黄绵土	天然降雨观测	25°~28°
魏天兴等	2002	山西省吉县黄土残塬沟壑区	长期定位水土流失观测与调查	25°
张会茹等	2009	红壤坡面	室内模拟降雨试验	20°
刘俊娥等	2010	安塞黄绵土	室内模拟降雨试验	20°~25°
和继军等	2012	张家口马场沟流域郭家梁水土保持试验站	观测资料分析	>30°

国内外学者对坡度与土壤侵蚀产沙的定量关系研究做了大量工作,但由于研究手段不同、研究对象不同、统计参数不同,很难取得一致结论。比如1982年Singer和Blackard曾做过一个对比:在同一条件下对壤土和粉质黏壤土短坡坡面(坡长<4.6 m,坡度为50%)进行侵蚀试验,将坡度的正弦值与侵蚀量进行拟合得到了一个多项式关系,结果两种土壤的最佳拟合方程的系数不同,这说明土质对坡度和侵蚀的关系是有影响的。

国外对侵蚀与坡度定量关系的研究开始较早,1940 年 Zingg 利用 Kansas 和 Alabam 的模拟降雨资料分析得出,土壤侵蚀量与坡度的 1.4 次方成正比,这也是最早开展的定量研究之一;Smith(1957)和 Wischmeier(1965)用维斯康辛州 La Crosse 坡度为 3%、8%、13%和 18%的天然径流小区观测资料,分析了影响面蚀和细沟侵蚀的因子后,提出了土壤侵蚀与坡度的二次多项式相关关系; Singer 和 Blackard(1982)采用两种土壤,研究坡度为 3% ~50%的细沟间侵蚀,得到粉沙质黏土侵蚀量与坡角之间呈二次多项式关系,对于黏性土呈三次多项式关系。

修正后的通用土壤流失方程(RUSLE)中采用的坡度与侵蚀产沙关系式是 1987 年由 McCool 提出的,认为坡度(θ)的正弦值与侵蚀量(S)呈线性关系:

$$S = 10.8\sin\theta + 0.03\sin\theta < 0.0896 \tag{1-1}$$

$$S = 16.8\sin\theta - 0.5\sin\theta \leqslant 0.0896 \tag{1-2}$$

式(1-1)是根据 LaCross 的试验数据得到的,坡度小于 18%。式(1-2)是根据 Murphee 和 Mutchler(1981)的研究数据得出的,坡度在 1% ~3%。Liu 等(1994)对黄土高原 9% ~55%的坡度进行研究后提出了新的关系式:

$$S = 21.91\sin\theta - 0.96 \tag{1-3}$$

Nearing(1997)在总结前人成果的基础上又推导出了一种适合所有坡度的关系式:

$$S = -1.5 + 17/[1 + \exp(2.3 - 6.1\sin\theta)] \tag{1-4}$$

国内关于坡度与坡面土壤侵蚀的关系也做了大量研究,如 20 世纪 50 年代刘善建指出,当坡度增加到 15%以上时,侵蚀量增加更为剧烈,并通过对天水水土保持试验站径流小区资料的分析,得出坡度与冲刷呈指数相关,即

$$d = 0.012s^{1.4} + 0.56 \tag{1-5}$$

式中　d——农地上冲刷深度,mm;

　　s——坡度(%)。

刘俊娥(2010)通过室内模拟降雨试验,以安塞黄绵土为土样进行研究,认为薄层流侵蚀模数与坡度可以表示为对数线性关系,即

$$E = a \cdot \ln \frac{s}{s-5} + b \tag{1-6}$$

式中　E——薄层流侵蚀模数,g/(cm^2·min);

　　s——坡度(°);

　　a、b——系数。

吴普特等(1993)从薄层水流侵蚀的动力入手,研究了坡度与薄层水流侵蚀量的关系,认为仅在薄层水流动力作用下,侵蚀量随地表坡度的递增而递增,二者呈幂函数关系,在雨滴击溅与薄层水流侵蚀动力共同作用下,侵蚀量与地表坡度呈二次抛物线型关系;陈永宗(1958)、王占礼等(2004)等根据不同的试验手段、观测资料得到了不同的经验公式。由于对坡度与侵蚀产沙定量关系研究采用的统计参数不一致,得到的结果也存在较大差异。

1.5.2　坡长与侵蚀产沙的响应关系

坡面降雨产沙过程中,侵蚀、沉积、搬运过程随时随地发生,坡长决定着坡面水流能量

的沿程变化、水流及泥沙的运移规律,是影响坡面汇水流量、侵蚀方式演变及侵蚀产沙过程的重要因子,也是USLE和RUSLE中主要因子之一。在USLE和RUSLE中,单位面积上的土壤侵蚀量被认为是随着坡长的增加而增大的,但是实际情况却要复杂得多。BagArello和Ferro对意大利西西里岛的研究发现,通过减少裸坡坡长并不能控制侵蚀量,产生这一结果的原因可能是减少坡长使得细沟侵蚀量相应减少,但是却增加了细沟间侵蚀量。Gabriels(1999)采用人工降雨的方法对短坡(0.3~0.9 m)情况下的沙壤土和壤沙土进行了试验研究,结果表明,虽然两种土壤的总侵蚀量都随坡长的增加而增加,但是单位长度上的侵蚀量却有着截然不同的关系,沙壤土随坡长增加而增加,壤沙土随坡长增加而减少。Aaron Y等(2004)在对Negev Highland的Sede Boqer试验小区的研究中发现,不考虑坡度的影响,短坡中的侵蚀量和坡长成反比关系,坡长越长,沿坡面向下的渗透损失增加,坡面水流沿坡面被截断的机会增大,这种不连续性使得水流的侵蚀力降低,侵蚀量相应减少。

不同降雨、不同地区、不同土质、不同土地利用方式对应着不同的侵蚀产沙方式,土壤侵蚀对坡长的响应自然也不同。一种观点认为,从上坡到下坡,由于水深逐渐增加,侵蚀能力增强,侵蚀量相应增大。另一种观点认为,存在一个临界坡长,产沙强度先随坡长增加,达到临界坡长后随着坡长的增加,径流含沙量增加,水体能量主要为泥沙荷载所消耗,侵蚀能力又会减弱。还有一些学者认为坡长与产沙强度之间的关系比较复杂,缺乏规律性,随着降雨强度、坡度、土地耕作方式、坡形等的不同,坡长与侵蚀强度之间的关系也会发生变化。琚彤军(1999)运用REE示踪室内模拟试验的方法也证明了产沙强度随坡长存在增长型、增长递减型、波动型三种变化模式。

坡长是侵蚀产沙经验模型中一个非常重要的变量,在USLE中:

$$L = (\lambda/22.1)^m \tag{1-7}$$

式中 L——标准化后的土壤流失量;

λ——坡长,m;

m——系数,对于不同的坡度,m的取值不同。

在RUSLE中,m被定义为坡度、细沟和细沟间侵蚀比例的连续函数,当坡度为60%,细沟和细沟间侵蚀的比例相当时,m在RUSLE中取0.71,而在USLE中取0.5。Liu等(1994)综合了黄土高原三个测站的数据得出m值为0.44($r^2=0.95$)。

围绕坡长指数开展的研究还有很多:Mutchler等(1980)研究了坡度较小时的指数;Foster等(1974)研究了不规则坡形土壤分离为限制因素时坡长指数的计算方法;Govers(1991)计算了仅考虑细沟侵蚀时的坡长指数;陈明华等(1995)、Young等(1969)通过野外观测或模拟降雨得到了各自的结果;黎四龙等(1998)利用张家口市水土保持试验站的坡长小区多年观测资料研究了降雨强度对指数的影响。王占礼(2004)采用人工模拟降雨试验的方法得到了不同雨强条件下坡地土壤侵蚀总量随坡长变化的幂函数关系。

陈永宗等(1998)的研究结果表明,侵蚀量与坡长的关系随降雨特性的变化而变化,并建立了侵蚀量与坡长、I_{30}的二次正交多项式回归模型。孔亚平等(2001)、陈晓安等(2011)、刘俊娥(2010)通过人工模拟降雨试验、回归分析,得到了经验公式。

由以上研究可以看出,坡长对侵蚀的影响机制复杂,目前并无定论。坡长的变化导致汇水量的变化,进而影响到水流形式,同时径流量的增加导致下坡径流深度的增加,降低了雨滴的击溅侵蚀能力,因此坡长不同,对土壤侵蚀过程的影响也就不同。所有这些都使坡长与侵蚀强度的关系复杂化。已有的研究中,各坡长小区的降雨前土壤状况(土壤类型、土壤含水量、土壤容重等)和外部条件(坡度、雨强、雨型等)不一致,得出的结论容易受坡长以外其他因素的影响,因此建立一个标准化的平台,使得各学者的研究具有可比性,是目前研究中亟待解决的问题。

1.5.3 坡面细沟形态与侵蚀产沙响应关系

坡面细沟形态在降雨的驱动下与侵蚀产沙形成了一个相互关联、彼此制约的动态耦合系统,在相同条件下,内外营力相互作用对比关系的不同导致了侵蚀形态的差异。坡面细沟侵蚀形态的复杂性导致了其量化上的困难,最初对土壤侵蚀形态的研究大多是进行定性的调查分析,然后通过归纳综合得出某些侵蚀现象的规律性。但是,这种研究方法对侵蚀地貌的内在规律性揭示是不够充分的,需要进行量化研究。现阶段坡面细沟形态量化主要基于两种数学方法:一是统计学方法;二是非线性方法。

其中,分形理论在地理学的应用中,以水系分形的发展最为成熟。而坡面细沟沟网是水系发育的初始阶段,也是水系形态结构的缩影,国外一些室内试验也证明了水系网和细沟沟网的相似性,为细沟沟网的分形量化奠定了理论基础。在此基础之上,Fujiwara 和 Fukada 于 1990 年通过人工降雨试验,对花岗岩质土壤平坡和组合坡的细沟发育过程进行了模拟。用测针板测量降雨后的坡面地形,用分形维数作为描述细沟形态的参数,对细沟发育形态随时间的变化过程进行了分析,得到的统计结果与坡面产流产沙变化过程十分吻合,这表明细沟沟网分形维数可表征小区坡面细沟的发育过程及复杂程度,而且在一定程度上能反映整个坡面侵蚀过程中侵蚀强弱的动态变化;王协康等(1998)、张莉等(2012)在对坡面侵蚀平面形态的研究中也得到了相似的结论,认为分形理论用于研究坡面沟系发育具有可行性表征,分形维数可作为微地形沟网特征的定量指标。分形维数反映的是分形体的复杂程度或者不规则程度,坡面细沟沟网分形维数随时间的变化正好反映了坡面细沟发育由简单逐渐变复杂的过程,是描述坡面细沟发育形态的理想指标。

坡面细沟形态与侵蚀产沙的互动关系研究目前主要采用的是室内模拟试验的方法,坡面细沟形态量化的困难导致细沟形态—产沙定量响应关系的研究成果较少。

用传统形态量化参数进行的定量响应关系的研究成果主要有:

孔亚平等(2003)进行了黄土坡面侵蚀产沙沿程变化的模拟试验,结果表明细沟密度是描述细沟发育程度较好的指标,其大小随雨强以及坡长呈线性增加。

白清俊(1999)通过试验得到了细沟宽度、深度与细沟水力要素间的关系:

$$B = 0.112Q^{0.722}J^{-0.378} \tag{1-8}$$

$$H = 1.58Q^{0.724}J^{1.8} \tag{1-9}$$

式中 B——细沟侵蚀宽,cm;

H——细沟侵蚀深,cm;

Q——细沟径流量,m^3/s;

J——水流能坡。

严冬春等(2001)采用跌坑—细沟表面面积、周长、直径及细沟下切深度扩展速率为形态参数,定量描述了在一场降雨过程中紫色土坡耕地细沟发育过程各阶段的形态特征。

随着分形理论在土壤侵蚀领域的应用,围绕坡面侵蚀地貌分形开展了一些试验研究,以分形维数作为形态量化参数的定量响应关系的研究成果主要有:

薛海等(2008)通过降雨及径流冲刷试验分析了分维值随坡度、流速和坡面侵蚀率的变化关系,研究表明,侵蚀坡面地形分维值与冲刷流量和坡度存在明显的相关关系,把流速和坡面侵蚀率作为坡面地形演变的直接指标,均存在分维值随其先增大后减小的规律。但遗憾的是,由于地形测量的手段的限制,试验组次较少,试验结果只能反映分维值随冲刷流量、坡度变化的大致趋势,不能定量揭示其响应规律。

张风宝、杨明义(2010)将 Be 示踪和分形理论相结合,用室内人工降雨的方法对不同坡度坡面的侵蚀发育过程进行了研究,这也是分形理论在细沟发育定量研究中较完整的一次应用。研究结果表明,整个降雨过程中坡面细沟沟网分维值随时间的增加整体呈增大趋势,并且和总侵蚀量、细沟侵蚀量呈线性正相关关系:

$$y = 57.55x - 49.39 \quad R^2 = 0.82 \tag{1-10}$$

$$y_r = 42.25x - 41.15 \quad R^2 = 0.84 \tag{1-11}$$

式中　y——总侵蚀量,kg;

y_r——细沟侵蚀量,kg;

x——细沟分维值。

姚文艺、杨春霞(2011)通过人工模拟降雨试验,以坡面细沟分形维数为形态特征量化参数,对坡面侵蚀形态与径流动力学参数间的响应规律进行了研究,建立了坡面径流雷诺数、弗汝德数、阻力系数及径流剪切力与分形维数间的定量耦合关系,对径流水动力学参数随坡面细沟形态的发育变化取得了一些初步认识。

为了更进一步地研究细沟发育的机制,人们试图在观测和试验分析的基础上,对细沟发育过程进行数值模拟。最初的模型大多简化了侵蚀初期细沟发育过程,大部分模型假定坡面侵蚀发生时,坡面上已经存在细沟,而且细沟形态在整个降雨过程中不会发生变化,是一种静态模型,这显然与实际情况不符。为了弥补这方面的不足,人们开始寻求新的方法来建立能反映坡面细沟发育随侵蚀过程动态变化的模型。

1.6　坡面土壤侵蚀研究存在的问题

坡面产流产沙被认为是土壤侵蚀过程的开始,一直是土壤、地貌、水文学家研究与关注的重要领域。通过坡面微地形形态的定量描述揭示坡面侵蚀产沙机制已成为国内外学者关注的焦点问题,也是土壤侵蚀研究领域亟待解决的基本科学问题之一。目前主要受以下两点制约:

(1)理论认识方面,在坡面侵蚀系统内部,雨滴打击和面流冲击作用会引起坡面泥沙的输移和能量的交换,从而促使细沟的产生与发展变化,而细沟形态的不断改变又会引起沟中水流水力学特性的变化,进而影响坡面侵蚀过程。因此,降雨—侵蚀—细沟产生与发展构成了一个相互作用的动态耦合系统,彼此之间相互关联,各自的作用不易分离。目前的研究主要从控制试验过程中的单一动力条件或边界条件入手,而针对系统多因素耦合影响的研究非常欠缺。

(2)观测技术方面,研究中会涉及坡面地形形态的捕捉、坡面薄层水流的测量等。坡面细沟形态的演变是一个动态过程,由于形态随时空不断变化,必须在短时间内捕捉到某一时间点的形态。近年来微地貌观测技术的发展,为快速获取坡面微地形提供了技术支持,但是进行坡面地形扫描获取点云数据的过程中需要暂停降雨,打断了连续的降雨过程,对整个侵蚀产沙过程的影响无法避免。坡面薄层水流的动力特性极不稳定,而目前对薄层水流流速、含沙量等的量测手段非常有限,基础资料获取困难,无法满足机制研究的需要。

由于研究条件和观测手段的限制,使坡面细沟和坡沟系统土壤侵蚀研究仍处在不断的探索与发展阶段,尤其在定量化研究方面十分薄弱,主要表现在以下几方面:

(1)细沟侵蚀机制复杂,发生过程随机,形态变化具有明显的时空分异特征,由于测量手段及试验条件的限制,对细沟形态这一动态地形变化过程的获取较为困难,对细沟发育过程的研究基本处于定性或半定量阶段,在细沟形成演变过程及其侵蚀机制的定量研究方面十分匮乏。

(2)细沟的发生属于复杂的不可逆非线性动力学过程,这一过程受多种动力条件与边界条件的影响,以往所采用的单一细沟形态量化方法无法充分表达这一形态变化过程的多维度性,造成了大量形态信息失真,直接对预测模型的可靠性和准确性产生影响。

(3)坡面水蚀预报模型研究方面,很多研究忽视了坡面微地形对产流产沙过程的影响,缺乏对细沟形态与侵蚀产沙间的定量响应规律研究。现有的预测预报模型多是基于定床试验,而在实际坡面侵蚀过程中,水—土界面间在不停地发生物质和能量交换,因此定床条件下所获得的研究结果与实际情况差异较大。

(4)坡沟系统侵蚀过程复杂,侵蚀产沙过程中侵蚀形态演变的机制及侵蚀发育各阶段对水沙关系的影响作用等仍然不清楚。借助 GIS 技术和先进量测技术可以推动坡面沟道侵蚀—输移过程的时空变化,加强坡沟侵蚀过程中的水动力参数分析筛选及其与泥沙输移之间的关系,揭示坡沟系统的水沙和能量传递特征等将是未来的研究方向。

鉴于此,本书将泥沙运动学、土壤侵蚀学、地貌学交叉融合,采用坡面水蚀精细模拟动床试验和理论分析相结合的方法,从坡面地貌形态角度出发,研究细沟形态演变特征及量化方法,揭示坡沟系统侵蚀形态—能量—水沙响应关系,其研究成果能够丰富坡面水力学的内涵,促进泥沙运动学、侵蚀动力学和地貌学等交叉学科的发展,也为定量评价下垫面对流域水沙的调控作用提供理论支撑。

第 2 章　细沟侵蚀动态过程实体模拟

要深入研究细沟的形成及发育机制,就必须对某些具体问题进行抽象和化简,将影响细沟侵蚀和发育的复杂因素尽可能地分离出来,在可控条件下进行系统观测。土壤侵蚀精细模拟试验可以严格控制试验条件,加快试验进程,是研究坡面径流剥蚀土壤过程的有效方法。

坡面细沟形态的演变是一个动态过程,由于细沟形态随时空不断变化,必须在短时间内捕捉到某一时间点的形态。为了研究细沟形态的时空演变规律,需要在严格控制动力条件和边界条件下,进行室内模拟降雨试验。通过跟踪模拟降雨条件下细沟动态变化的全过程,揭示细沟形态演变特征,为黄土坡面细沟形态量化与时空分异规律分析提供数据源。

2.1　试验材料

2.1.1　试验装置

试验地点选在郑州北郊模型黄河基地的水利部黄土高原水土流失过程与控制重点实验室。试验装置主要由人工模拟降雨系统和实体模型两部分组成。

人工模拟降雨系统的工作原理是,通过调节管道压力,控制输水管道和供水管道流量,通过电脑控制降雨器喷头尺寸,控制雨滴粒径的大小,从而实现对不同雨强分布和降雨历时的控制, 并提供实时而准确的数据。降雨模拟装置由压力管道和下喷式模拟降雨器组成,每组降雨器上有 5 个不同尺寸的喷头,通过计算机系统控制界面,可以对喷头尺寸和管道压力进行设置,通过压力和喷头的不同组合,可以模拟 30 ~ 180 mm/h 的降雨强度。降雨大厅的喷头距地面高度为 22 m,这一高度可以使95%以上的雨滴终速达到天然降雨终速。人工模拟降雨系统集水文模拟、计算机控制等多种技术手段为一体, 为坡面水蚀精细模拟试验的开展提供了基础条件(见图 2-1、图 2-2)。

坡面土壤侵蚀模拟实体模型采用尺寸为 5 m×1 m×0.6 m 的可调坡度土槽,在土槽底设有直径为 5 mm 的透水孔,可使土壤水自由入渗(见图 2-3)。土槽的可调坡度范围为 0° ~30°,涵盖了从缓坡到陡坡等不同角度坡面。根据野外调查与文献统计,黄土高原坡耕地中,坡度 < 7°的耕地面积占总耕地面积的 50.7%,坡度为 7° ~15°的缓坡地面积占总耕地面积的21.4%,坡度为 15° ~25°的斜坡地面积占总耕地面积的 20.1%,坡度 >25°的陡坡地面积占总耕地面积的 7.8%。根据《中华人民共和国水土保持法》和《水土保持工作条例》要求,禁止在坡度 > 25°的陡坡面进行农业耕作活动。由于本次试验模拟陡坡面土壤侵蚀,因此经综合考虑,本次试验模拟将坡面设定为 20°陡坡坡面。

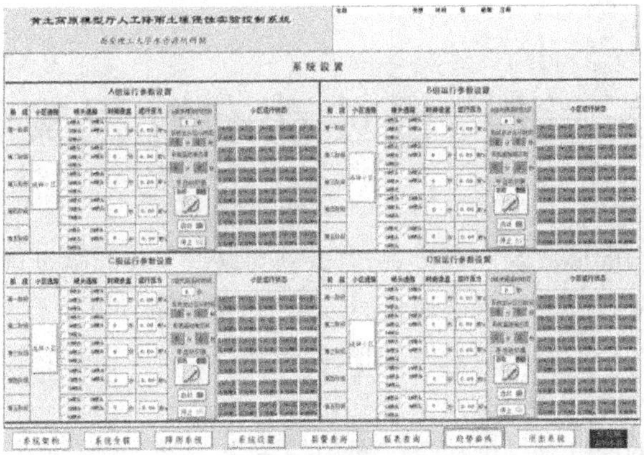

图 2-1　人工模拟降雨系统计算机控制界面

图 2-2　人工模拟降雨器

图 2-3　可变坡度土槽

2.1.2　试验土壤

试验用土取自位于黄土高原第Ⅲ副区的河南省巩义市邙山表层黄土，取土为去除枯枝落叶层后，坡面地表 20 cm 以内的黄土。土壤颗粒机械组成的测定在黄河水利科学研究院工程力学研究所的土壤物理实验室内进行操作，土壤粒径组成见表 2-1。

表 2-1　土壤粒径组成

土壤类型	粒径(mm)	比例(%)
黏粒	0.005 ~ 0.01	43.40
粉粒	0.01 ~ 0.05	35.45
其他	>0.05	21.15

2.2　试验设计

2.2.1　试验准备

为使试验条件达到设计水平，在正式试验开始之前，首先要进行试验条件的测定，测定内容主要包括土壤条件与降雨强度。土壤条件测定是为了控制下垫面容重、含水率等的一致性，降雨强度的率定是为了使降雨强度达到设计要求并均匀分布。

在野外调查的基础上，依据黄土高原野外坡面空间特征，制作陡坡裸坡面(20°)模型。试验土槽的制备过程与预备试验相似，土壤容重控制在 1.25 g/cm^3左右。

为保证降雨均匀度和降雨强度达到试验设计水平，试验开始之前，先进行雨强率定。进行率定的操作时，在试验土槽的左右两边放置六个雨量桶，将其均匀布置在坡面的上、中、下三个部位，降雨开始 10 min 后测定各雨量筒内的雨量，率定雨强，计算其平均值，根据所测结果，调整模拟降雨系统管道压力、喷头尺寸等，并重新率定。如此反复进行，直至符合设计水平，并且连续 3 次率定结果的误差不超过 5%。

2.2.2　试验方案

为了更客观地反映坡面侵蚀过程中细沟形态的变化，本试验设计了一次侵蚀多次降雨方案，使细沟侵蚀过程既有独立性又有继承性。模拟试验降雨特征参数设计主要包括雨强、历时、降雨场次的选定。细沟侵蚀主要是由短历时暴雨形成径流冲刷产生的，参照黄土高原侵蚀性降雨及其暴雨频率特征，选定的三个试验雨强分别为 60 mm/h、90 mm/h、120 mm/h，分别对应中雨、大雨和暴雨，试验雨强通过压强与喷头组合率定得到。根据细沟发育情况，每种雨强下进行 4 ~ 8 场降雨，每场降雨历时约为 10 min。通过 20 组次不同雨强及其重复试验，开展细沟形态演变及水沙产输过程模拟。试验装置如图 2-4 所示。

试验中，用设定的雨强对土槽进行降雨，试验进行过程中，试验人员用颜料示踪法循环测量各个断面的流速分布，待坡面开始产流后，每隔 1 ~ 2 min 接取一个径流泥沙全样。为最大限度地消除暂停降雨对坡面产流产沙过程的影响，将地形扫描仪架设在土槽正上方的降雨器上，每场降雨结束后立即进行地形扫描，用时约 1 min，扫描结束后立即开始下一场次降雨，以最大限度地保证产流产沙过程的连续性。试验过程中，在试验土槽周围均匀放置四个雨量筒进行雨强测定，经测定，实际降雨强度分别为 66 mm/h、94 mm/h、127 mm/h，降雨均匀性 >90%。

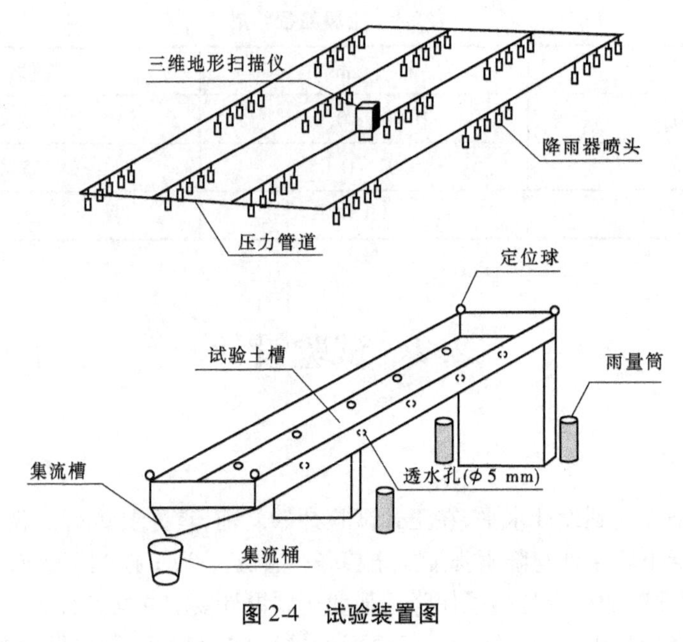

图 2-4　试验装置图

每场降雨试验结束后，为了保证试验条件的一致性，对于降雨试验后产生的地形不再保留，而是将土槽中的剩余土体全部铲出，重新按照试验步骤中的填土要求进行建模。按照第一场降雨前的土壤装填方法进行装填，为消除部分装填不均匀的影响，需将填装后的土槽静置 24 h 以上。

2.2.3　过程观测

降雨试验过程中，需要测量的数据包括降雨强度、径流量、流速分布、径流深、水温、产流时间、跌坎产生时间、沟壁坍塌时间、地形扫描时间等。

模拟降雨试验中，利用 LPM 激光雨滴谱仪量测降雨强度和获取雨滴谱图，进行降雨时程分析；用染色剂示踪($KMnO_4$)和实时摄像技术相结合的方法测定坡面及细沟内水流流速；用直尺量测坡面水宽和水深；当坡面开始产流时，用径流桶在集流槽处收集径流泥沙样(见图 2-5)，采样间隔为 1 ~ 2 min/次；每场降雨试验结束后进行样本数据测量，采用自制铁皮量桶测量径流体积，采用烘干法推求坡面产沙量及径流含沙量，经过对径流泥沙样的体积量测及烘干、称重，可计算推求含沙量。自制铁皮量桶的测量精确度约为 0.5 L，称重精度为 0.01 g。

试验过程中，辅以高清摄像机对坡面地形变化过程进行全程监测，观察并辅助人工记录细沟产生—发展—稳定全过程，坡面关键时间节点信息，如产流开始时间、跌坎出现时间、沟壁坍塌位置等，并每隔一定时间，从不同角度，用数码相机拍摄细沟形态演变过程。

2.2.4　地形测定

正式试验中，为保证试验过程的连续性，坡面地形测定采用目前最先进的，由美国法如公司生产的 FARO Focus 3D 三维激光扫描仪，其扫描速度快、精度高的特点可最大限度地保持坡面水沙过程的连续性。该仪器扫描速度约 976 000 bit/s，50 m 距离的实测精

图2-5　试验过程收集径流泥沙样

度达2.0 mm,扫描一个标准坡面只需1 min。为了在保证精度的前提下最大限度地压缩扫描时间,将地形扫描仪安装于试验土槽正上方的降雨系统压力管道上(见图2-6),以减少扫描中的盲区,在降雨前后分别进行一次地形数据采集(见图2-7)。

图2-6　降雨系统及激光扫描仪安装

在对扫描数据进行建模前,要对DEM(Digital Elevation Model)进行数据预处理,由于受现场条件的干扰和扫描误差的影响,DEM中往往会含有许多离散点数据,同时产生噪点。因此,首先要对数据进行诊断处理,即运用相应算法对数据进行平滑、对齐、滤波等处理工作,接下来,根据定位小球的位置,完成点云数据的拼合、滤波、精简、曲面生成等操作,形成完整的坡面DEM(见图2-8)。

由于后续地形参数计算将在ArcGIS中开展,因此需要通过软件将ASCII文件导出,并利用该格式转存为txt文件,使数据可以直接被ArcGIS调用,为接下来的细沟形态量化和模型构建提供数据源。

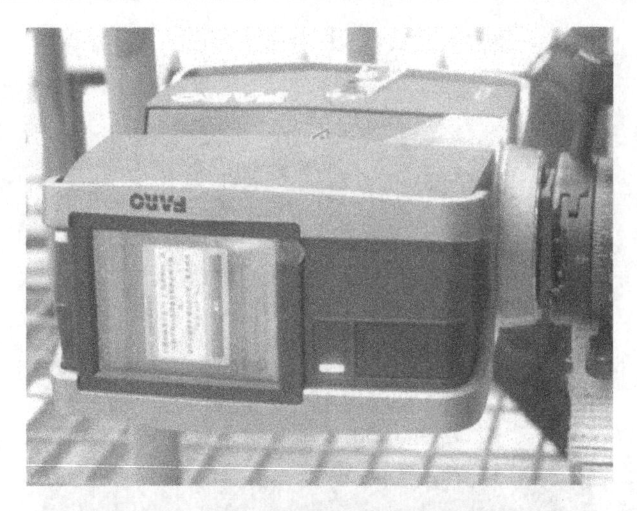

图 2-7　三维激光扫描仪进行模型扫描

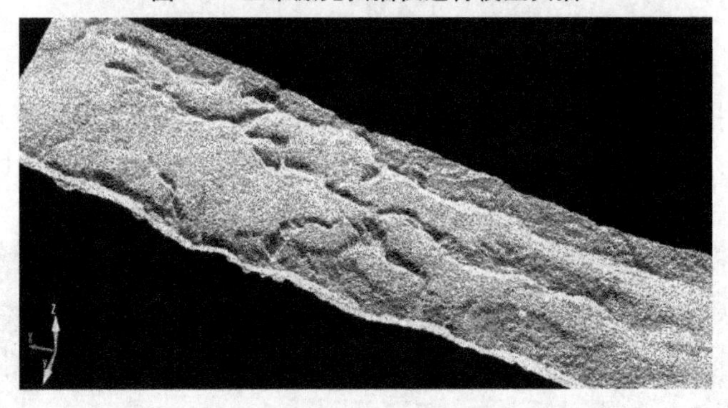

图 2-8　运用扫描数据进行高精度 DEM 建模

2.3　小　结

本章采用坡面“降雨—地形演变—产流产沙”过程精细模拟试验方法,模拟降雨条件下坡面细沟形态演变过程,利用人工模拟降雨系统精确控制降雨特性,利用坡面水蚀测量系统测量坡面薄层水流参数,运用三维激光微地形扫描技术,快速获取细沟形态演变过程中的瞬时地形点云数据。克服了以往实体模拟控制、坡面地形捕捉、薄层水流测量技术的局限,实现了坡面水蚀过程的精细化模拟和地形快速获取,为后续机制研究提供技术支撑。

研究采用一次侵蚀多次降雨的方法,通过坡面水蚀精细模拟试验,跟踪细沟形态变化全过程,并获取细沟发生—活跃—稳定过程中水沙二相流的径流泥沙参数等,为后续研究内容的开展提供基础数据。

第 3 章　细沟形态特征量化及实现方法

细沟形态特征量化的实现需要借助地理信息系统(ArcGIS),ArcGIS 被广泛应用于地貌研究中,其优势在于可以快速进行地形数据的采集与输入,自动提取地形演变过程,实现地貌要素的分类及综合分析等,ArcGIS 为坡面细沟几何形态的准确提取和量化参数的实现提供了良好的技术支撑。

因此,本章在对坡面细沟形态演化过程研究的基础上,基于分形理论、熵理论、几何学理论、拓扑学方法等,并借助 ArcGIS 的空间分析功能,对细沟沟网结构特征和发育演化特征进行量化。从地貌学角度,将坡面细沟时空演化过程看作一个微地貌,借鉴流域地貌、水系量化方法,研究坡面细沟形态特征量化参数及实现方法,为定量研究降雨—侵蚀—细沟形态演变规律做准备。

3.1　基于 DEM 的坡面地貌三维空间数据创建

3.1.1　DEM 在地貌形态研究中的作用

DEM(Digital Elevation Model)即数字高程模型。它是用一组有序数值阵列形式表示地面高程的一种实体地面模型,是数字地形模型(Digital Terrain Model,简称 DTM)的一个分支,其他各种地形特征值均可由此派生。一般认为,DTM 是描述坡度、坡向、坡度变化率等的各种地貌因子,表示其线性和非线性组合的空间分布,其中 DEM 是零阶单纯的单项数字地貌模型,其他如坡度、坡向及坡度变化率等地貌特性可在 DEM 的基础上派生。用函数的形式描述为

$$V_i = (X_i, Y_i, Z_i) \quad (i = 1,2,3\cdots,n) \tag{3-1}$$

其中,X_i、Y_i 是平面坐标,Z_i 是(X_i, Y_i)对应的高程值。当该序列中各平面向量的平面位置呈规则排列时,其平面坐标可省略,此时 DEM 就简化为一维向量序列——$\{Z_i, i = 1,2,3\cdots,n\}$。

由于 DEM 描述的是地面高程信息,蕴涵着丰富的地形、地貌信息,能有效地反映区域的基本地形空间分布规律与地貌特征。在测绘、水文、气象、地貌、地质、土壤、工程建设、通信、军事等国民经济和国防建设以及人文和自然科学领域有着广泛的应用。比如,在工程建设上,可用于土方量计算、通视分析等;在防洪减灾方面,DEM 是进行水文分析如汇水区分析、水系网络分析、降雨分析、蓄洪计算、淹没分析等的基础。

3.1.2　坡面 DEM 的获取

建立数字高程模型的关键是获得地貌的高程数据。目前最有效的基于 ArcGIS 的坡面 DEM 数据创建方法是采用三维激光扫描仪对坡面进行扫描,获得坡面点云数据。

Trimble GS200 激光三维扫描系统性能优越,将其用于地形扫描,可以极大地提高地形量测效率和精度,并具有不破坏地形的独特优点,单独一次(放水/降雨试验前或试验后)测量成果的分析研究可以完全在计算机中开展。对于次扫描成果进行对比分析可获得坡面地形变化数据。该描述系统极大地提高了实体模型试验的效率,对水土流失模型监测、分析水土流失状况有重要意义。

本书选择不同雨强下的坡面侵蚀地貌模型扫描点云数据作为基础数据源。由于被扫描测量对象的复杂性,激光三维扫描需要通过不同方位,多站点、全方位地扫描对象,然后对不同站点扫描结果进行合并,得到被扫描对象的完整信息。

由于受现场条件和扫描误差的影响,数据采集过程中往往会得到许多离散点数据,同时产生噪点。数据预处理的过程就是利用相应算法对数据进行平滑、对齐、滤波等处理工作,为模型的重建做好铺垫。在对扫描数据进行模型构建前,首先要对数据进行诊断处理,完成点云的拼合、滤波、精简、曲面生成等操作,它们是数据预处理的主要内容。

3.2　基于 DEM 提取细沟网络的基本原理与方法

细沟沟网的提取参照河网水系的提取方法,通过 ArcGIS 的水文分析模块来实现,ArcGIS 的水系特征提取方法是基于 Callaghan 与 Marks 于 1984 年提出的坡面径流模拟方法,其基本原理是:首先根据 DEM 计算水流方向(D8 方法),再根据水流方向划分各个汇水区面积,结合汇水面积设定汇流累积量阈值,从而判定水系。由于该方法是通过水文学中的汇流理论来判断径流流路,而且生成的流路较连续,因此是 ArcGIS 水系提取中广泛使用的一种方法。基于 ArcGIS 的细沟网络提取及量化参数计算步骤见图 3-1。

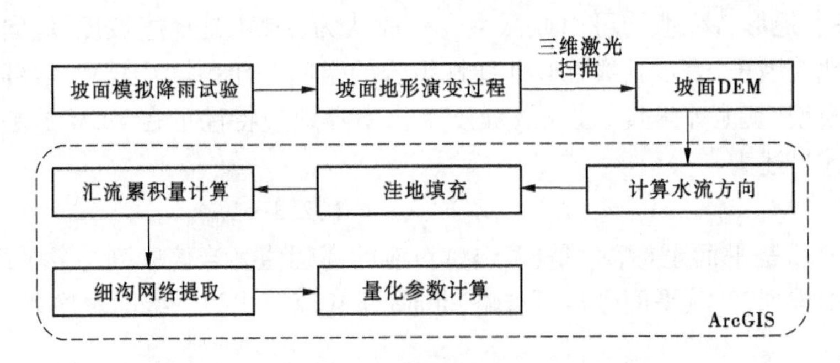

图 3-1　DEM 中提取细沟沟网流程图

ArcGIS 将水系特征提取的相关命令集成在 Hydrology 菜单中,使用时可直接调用相应的函数。ArcGIS 下水文分析中对 DEM 流域水文特征提取包括以下几点。

3.2.1　无洼地 DEM 的提取

洼地指的是低于周围栅格的区域,分为伪洼地和自然洼地。伪洼地在栅格 DEM 中普遍存在,主要来自输入数据的错误、不合适的插值方法和栅格大小等方面。大多数研究者假定所有的洼地都是伪洼地。自然洼地则是实际中存在的洼地,一般远少于伪洼地。研究者普遍认为,被高程较高的区域围绕的洼地是使用 DEM 进行水文分析的一大障碍,因为这些洼地的存在会阻碍自然水流朝流域出口流动,因此在 DEM 提取水系特征之前要进行填洼。

现有的提取水系特征的方法的基本思想是将洼地内的所有栅格单元垫高至洼地周围最低邻接栅格单元的高程,从而消除洼地。对于复杂的地形,在处理洼地时应考虑洼地与平地、洼地与洼地之间的相互嵌套的复杂情形;对于平地也不能一概而论,应视其位置、形态和类型的不同,有区别地加以处理,强调处理的合理性,以使处理在效率和效果上满足实用要求。其操作步骤如下:①提取水流方向。由于洼地是水流方向不合理的地方,通过水流方向来判断哪些地方是洼地,并进行填充。主要是利用 Hydrology 工具集中 flow direction工具提取水流方向。②洼地计算。利用 sink 工具计算洼地;并非所有洼地都是由数据的误差造成的,很多洼地是地表形态的真实反映,所以需要计算洼地深度,来判别由数据的误差造成的洼地。利用 watershed 工具计算洼地的贡献区域,然后利用 Zonal 工具集中 zonal statistic 工具计算每个洼地所形成的贡献区域的最低高程 zonalmin,利用 zonal fill 工具计算每个洼地贡献区域出口的最低高程,即洼地出水口高程 zonalmax;利用 Spatial Analysis Tools 工具箱中 raster calculator 工具,计算洼地深度 sinkdep = zonalmax - zonalmin。③洼地填充。利用 Hydrology 工具集中 fill 工具进行填充,此处可以依据计算的洼地深度设定阈值,深度大于阈值的地方不填充。当工作的精度要求不高时,对洼地可直接进行填充,即不考虑 DEM 数据存在误差的情况下把所有的洼地填平。本书是在 ArcGIS 10 软件的平台下做洼地填充处理的,其流程图如图 3-2 所示,填充结果如图 3-3 所示。

3.2.2　汇流累积量的计算

汇流累积量计算主要是为了确定河流网络,从而确定流域边界(分水线),在地表径流模拟过程中,汇流累积量是基于水流方向数据计算而来的,水流方向是指水流离开每一个栅格单元时的指向。在 ArcGIS 中通过将中心栅格的 8 个邻域栅格编码,水流方向便可以其中的某一值来确定,栅格方向编码如图 3-4 所示。例如,如果中心栅格的水流流向左边,则其水流方向被赋值为 16。输出的方向值以 2 的幂值指定是因为存在栅格水流方向不能确定的情况,此时须将数个方向值相加,这样在后续处理中从相加结果便可以确定相加时中心栅格的邻域栅格状况。对每一个栅格来说,其汇流累积量的大小代表着其上游有多少个栅格的水流方向最终汇流经过该栅格,汇流累积量的数值越大,该区域越易形成地表径流。由水流方向数据到汇流累积量计算的过程如图 3-5 所示。通过计算生成的汇流累积量数据如图 3-6 所示。

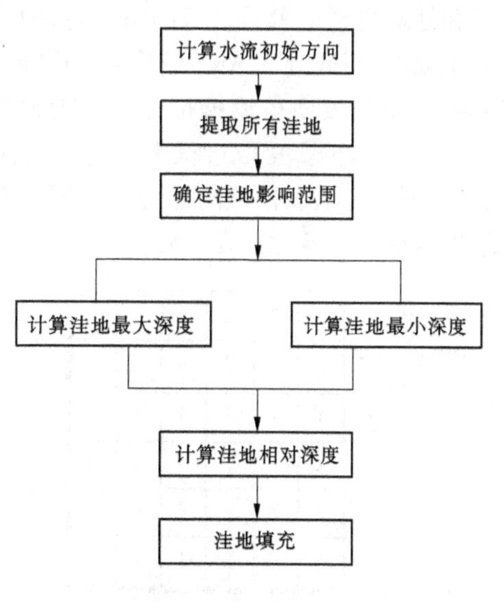

图 3-2　洼地填充流程图

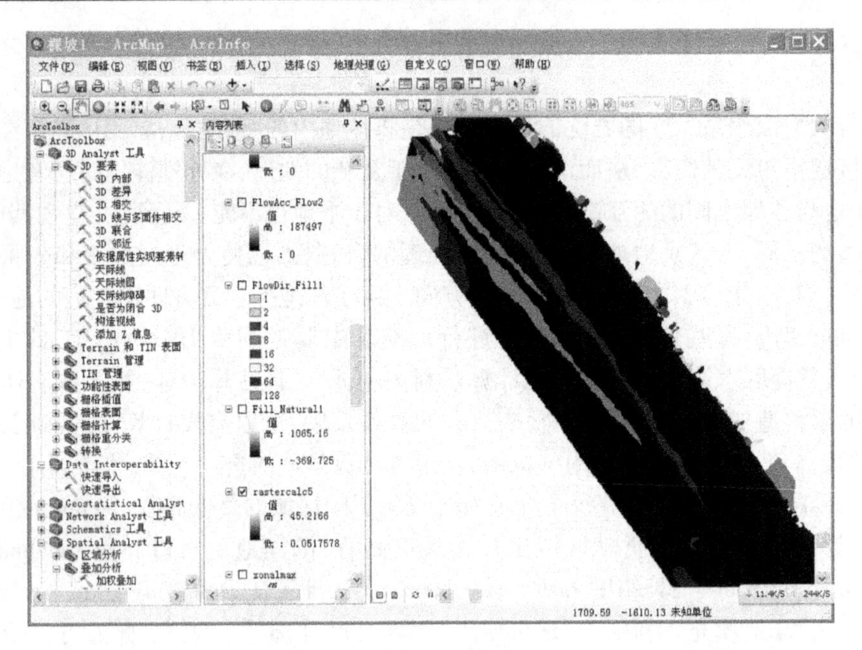

图 3-3　计算出的洼地深度图

3.2.3　河网的提取

基于 DEM 的水文分析,是以 DEM 数据为基础，经过计算和处理得到地表的水流网络。将地形扫描数据经内插后生成的 DEM 导入 ArcGIS 中,基于 Callaghan 与 Marks (1984)提出的坡面径流模拟方法,按照图 3-7 的流程从 DEM 中提取沟网。提取过程中汇流累积量阈值的选择非常关键,要结合现场拍摄的照片,使该汇流累积量阈值下提取出的形态与实际拟合最好。

32	64	128
16		1
8	4	2

图 3-4　水流流向码

2	2	2	4	4	8
2	2	2	4	4	8
1	1	2	4	8	4
128	128	1	2	4	8
2	2	1	4	4	4
1	1	1	1	4	16

水流方向数据

=

0	0	0	0	0	0
0	1	1	2	2	0
0	3	7	5	4	0
0	0	0	20	0	1
0	0	0	1	24	0
0	2	4	7	35	2

汇流累积量数据

图 3-5　由水流方向数据到汇流累积量计算的过程

ArcGIS 10 中提取河网是在 Hydrology 模块下进行的,具体步骤如下:

(1)河网的生成是基于汇流累积量矩阵的,首先应该计算出研究区域的汇流累积量矩阵。以汇流累计栅格数据 flowacc 作为基础数据。

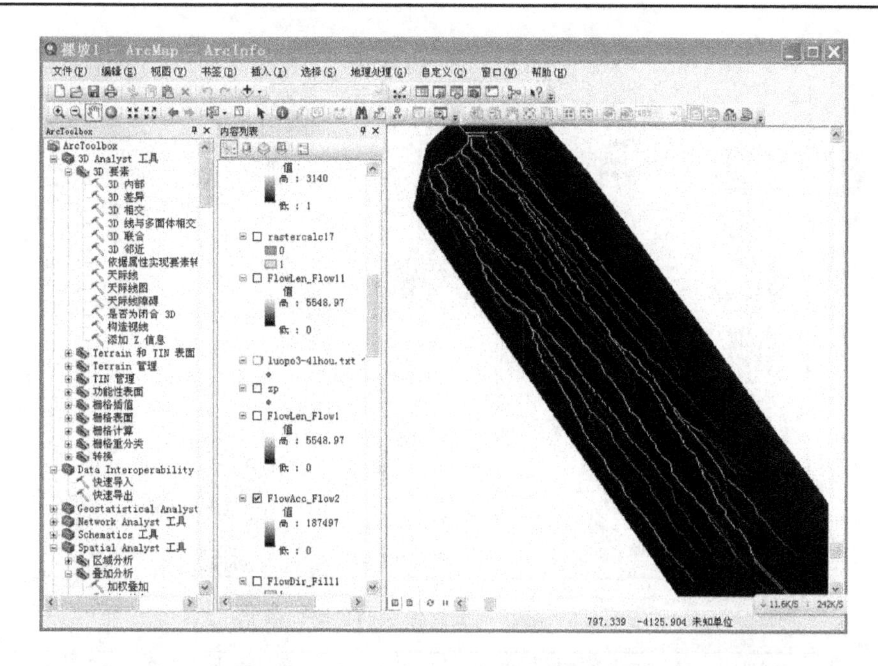

图 3-6　通过计算生成的汇流累积量数据

图 3-7　DEM 中提取水文信息流程图

(2)设定阈值。阈值的设定是河网提取的关键,直接影响河网提取的结果。因此,阈值的设定应遵循科学合理的原则。首先应该考虑研究对象的不同,不同级别的细沟对应不同的阈值;其次应考虑研究区域的状况,相同级别的细沟所处研究区域不同,需要的阈值也是不同的。因此,阈值的设定应在研究区域和研究对象的基础上进行,通过试验和现有地形数据来确定合适的阈值。

(3)栅格形式的河网的生成。栅格河网的生成是利用设定一个河网生成阈值,可以利用 ArcMap 中的 Spatial Analysis 分析模块下的 Raster Calculator 来计算出所有大于设定阈值的栅格,这些栅格就是河网的潜在位置。将计算出来的栅格河网命名为 streamnet。

(4)栅格河网矢量化。在 Hydrology 工具集中提供了将上一步生成的栅格河网进行矢量化的工具 stream to feature,通过 stream to feature 就可以得到矢量形式的河网图。栅格数据的矢量化时,选择的是最短的路线绘制成线。生成的矢量数据如图 3-8 所示。

准确的细沟网络形态提取是细沟形态量化的前提和基础,在形态提取过程中,汇流阈值的设定至关重要,将会直接影响沟网形态的最终生成。根据预备试验结果,结合现场试验照片调整汇流累积量阈值,经调整,当汇流累积量阈值为 70 时,提取出的细沟网络形态与照片及坡面点云形态拟合最好。图 3-9 为试验中提取出的网络形态。

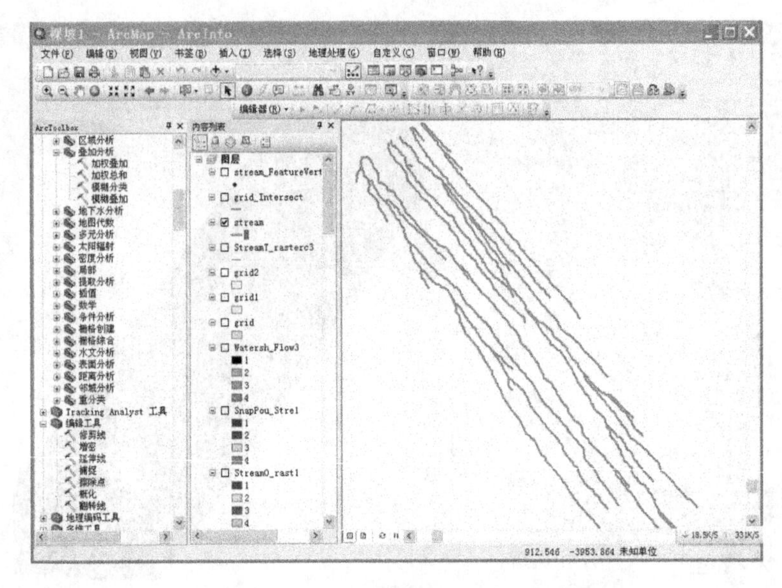

图 3-8　栅格河网转换成的矢量河网

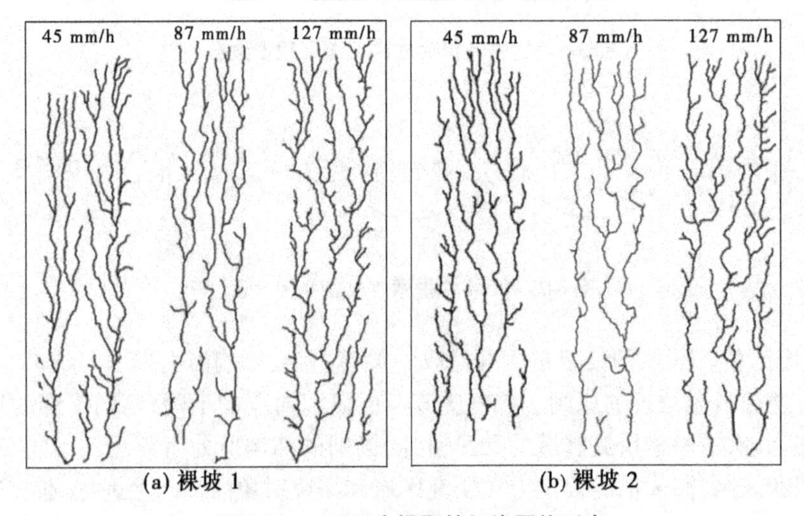

(a) 裸坡 1　　(b) 裸坡 2

图 3-9　ArcGIS 中提取的细沟网络形态

3.3　细沟网络分形特征研究

对细沟网络进行分形研究,其前提是细沟网络具有分形特征。自相似性(self - similarity)是分形结构所具有的最明显特征,而细沟网络的自相似性显而易见,即重复放大局部小细沟网络,依然可以看到整个沟网的重现,且只在特定的尺度范围内(无标度区间)重现。细沟网络的分形特征不仅是其形态结构的体现,更重要的是其组织结构的体现。

3.3.1　基于 GIS 的细沟网络分维值实现过程

在 ArcGIS 中,创建渔网(Fishnet)的过程就是用某一尺寸的盒子去覆盖图形的过程,将其由线状要素转化为面状要素,生成面域网格。通过网格图层(目标图层)和细沟沟网图层(源图层)要素位置相交,确定二维平面上被沟网占据的非空网格, ArcGIS 的属性查询功能可以查询出非空网格的数目即 $N(r)$。变换 Fishnet 网格尺寸的大小(盒子尺寸 r),重复上述步骤,就会获得一系列的 r_i 与相应的 $N(r_i)$,将 r_i 和 $N(r_i)$ 绘入双对数坐标系,利用最小二乘法在 Excel 中作线性回归,得到盒维数。

应用 ArcGIS 进行网格分析是在数据管理模块下进行的,在将细沟网络图形打开之后,选择要素类中的创建渔网命令,即可进行网格分析。在打开的对话框中进行如图 3-10 的设置,完成后点击确定即可生成网格,效果如图 3-11、图 3-12 所示。

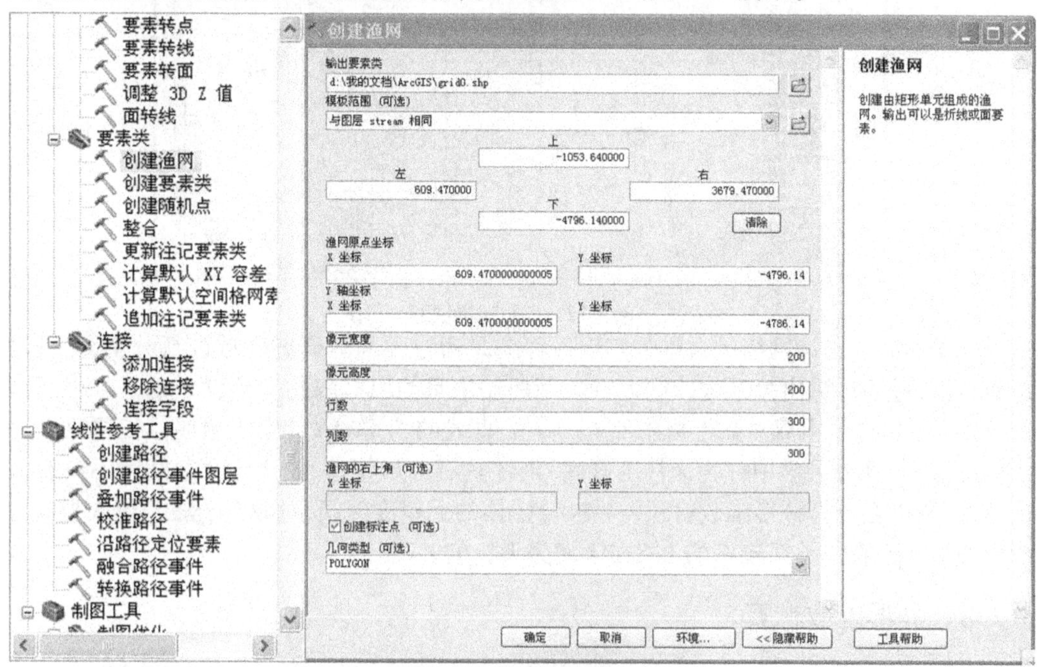

图 3-10　GIS 网格分析界面

图 3-11　GIS 网格划分

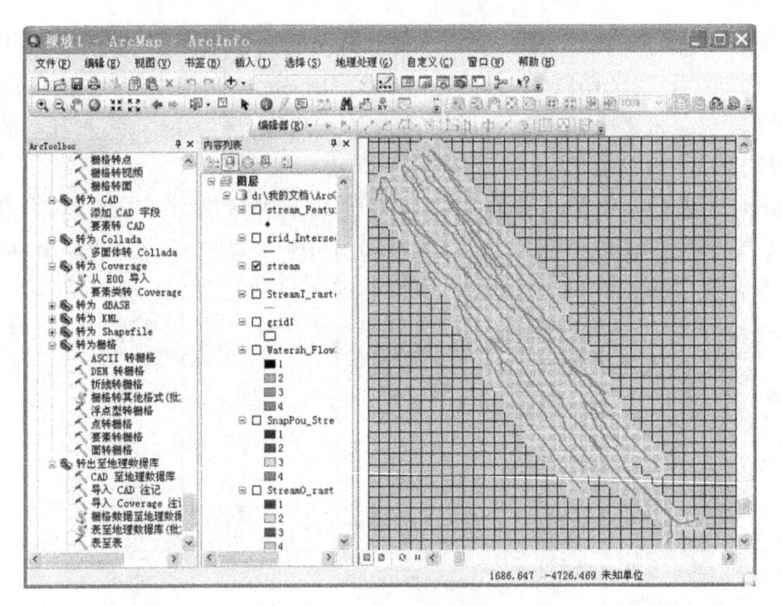

图 3-12　GIS 网格提取

基于 GIS 的细沟网络的盒维数实现过程就是通过不断对研究区域进行分割,实现动态数方格,进而计算出盒维数(D_f)。在实际应用中只能取有限的 r,通常做法是求一系列的 r 和 $N(r)$,然后由双对数坐标中 $\lg N \sim \lg r$ 的直线的斜率求 D_f,由于分形体往往只在一定标度区间(在分形学中称为无标度区间)内才具有分形特性,超出这个区间就不具有分形特性,所以在计算分形维数时还需判断分形体的无标度区间,对数盒子法一般认为双对数中 $\lg N \sim \lg r$ 直线关系较好的 r 所在区间为无标度区间。

3.3.2　分形维数计算

细沟网络通常被认为是流域水系发育的最初始阶段,同时也是水系结构的缩影。在分形计算中,通常用盒维数来描述河网类结构的分形特征。所谓盒维数法,就是用大小尺寸不同的盒子来覆盖研究对象,当盒子(覆盖研究对象的正方形边长)尺寸大于整个研究区域(坡面)时,细沟网络系统相当于一个点,接下来逐步缩小盒子尺寸,随着标度逐渐趋向于零,也就相当于观察尺度在不断减小,此时网络图形会迅速展开(见图 3-13)。因此,盒维数表达的是研究对象随观察尺度的不断变小而展开的速率,在本研究中,它反映了细沟网络的复杂程度。

根据 Mandelbrot 对分形的定义,盒维数的定义表达式为

$$N = Cr^{-D_f} \tag{3-2}$$

式中　N——与 r 有关的物体数目;

r——盒子尺度;

D_f——盒维数;

C——常数。

盒维数的测定表达式为

$$D_f = \lim_{r \to 0} \frac{\ln N_r(F)}{-\ln r} \tag{3-3}$$

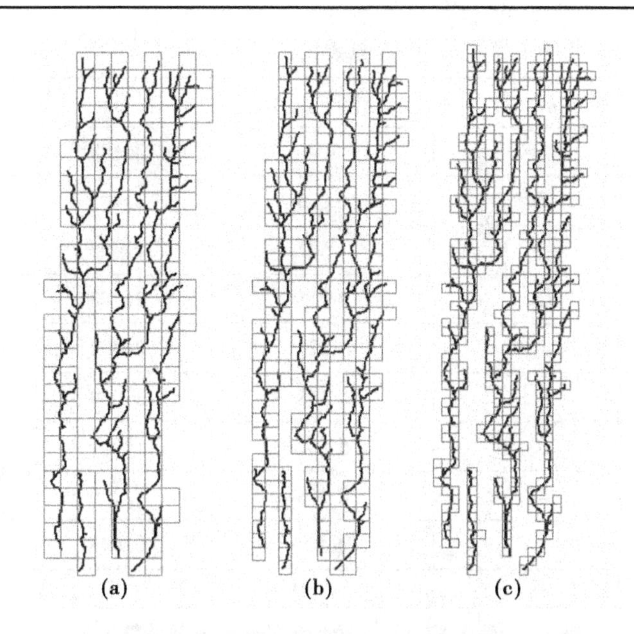

图 3-13　盒维数法分形计算示意图

式中　$N_r(F)$——与研究对象相交的盒子数。

按照式(3-3)的表达,盒维数实际上是 $\ln N_r(F)$ 相对于 $-\ln r$ 的斜率。基于这一表达式,将盒维数的计算原理运用到细沟网络分形计算中。用不同尺寸的网格对提取出的细沟网络进行覆盖。选择的网格尺寸应控制在分形的无标度区间范围内,本次选用的网格尺寸 $200\times200 > r\times r > 2\times2$。通过 ArcGIS 的属性查询,可以统计出相应盒子尺寸下的非空格子数 $N(r)$,分形维数估算过程见表 3-1 ~ 表 3-6,非空格子数随着网格尺寸的不断减小而逐渐增加。图 3-14 所示为细沟沟网的分形盒子尺寸与盒子数之间的关系,从图中可以看出分形维数随细沟的发育呈逐渐增加的趋势。将分形盒子数 $N(r)$ 与盒子尺寸 r 点绘在双对数坐标系下,基本呈一条直线,回归方程表达式为

$$\ln N(r) = a\ln r + b \tag{3-4}$$

式中　a——分形维数。

基于这一回归方程,对 3 种雨强作用下裸坡 1、裸坡 2 的细沟网络的分形维数分别进行计算,结果见表 3-7。

表 3-1　雨强 45 mm/h 裸坡 1 的分形维数估算过程

次数 M	网格尺寸 r	非空格子数 $N(r)$	$\ln r$	$\ln N(r)$
1	170	121	5.135 8	4.795 8
2	150	149	5.010 6	5.003 9
3	130	188	4.867 5	5.236 4
4	100	273	4.605 2	5.609 5
5	85	332	4.442 7	5.805 1
6	75	389	4.317 5	5.963 6
7	50	632	3.912 0	6.448 9

续表 3-1

次数 M	网格尺寸 r	非空格子数 $N(r)$	$\ln r$	$\ln N(r)$
8	40	804	3.688 9	6.689 6
9	30	1 079	3.401 2	6.983 8
10	20	1 627	2.995 7	7.394 5
11	15	2 211	2.708 1	7.701 2
12	10	3 324	2.302 6	8.108 9
13	8	4 178	2.079 4	8.337 6
14	6	5 582	1.791 8	8.627 3
15	4	8 378	1.386 3	9.033 4
16	2	16 815	0.693 1	9.730 0

表 3-2　雨强 87 mm/h 裸坡 1 的分形维数估算过程

次数 M	网格尺寸 r	非空格子数 $N(r)$	$\ln r$	$\ln N(r)$
1	200	98	5.298 3	4.585 0
2	170	121	5.135 8	4.795 8
3	150	144	5.010 6	4.969 8
4	130	175	4.867 5	5.164 8
5	100	256	4.605 2	5.545 2
6	85	299	4.442 7	5.700 4
7	75	341	4.317 5	5.831 9
8	65	407	4.174 4	6.008 8
9	50	543	3.912 0	6.297 1
10	40	681	3.688 9	6.523 6
11	30	929	3.401 2	6.834 1
12	20	1 410	2.995 7	7.251 3
13	15	1 933	2.708 1	7.566 8
14	10	2 922	2.302 6	7.980 0
15	8	3 643	2.079 4	8.200 6
16	6	4 937	1.791 8	8.504 5
17	4	7 406	1.386 3	8.910 0
18	2	14 895	0.693 1	9.608 8

表 3-3　雨强 127 mm/h 裸坡 1 的分形维数估算过程

次数 M	网格尺寸 r	非空格子数 $N(r)$	$\ln r$	$\ln N(r)$
1	200	116	5.298 3	4.753 6
2	170	149	5.135 8	5.003 9
3	150	188	5.010 6	5.236 4
4	130	225	4.867 5	5.416 1
5	100	317	4.605 2	5.758 9
6	85	386	4.442 7	5.955 8
7	75	457	4.317 5	6.124 7
8	65	526	4.174 4	6.265 3
9	50	703	3.912 0	6.555 4
10	40	882	3.688 9	6.782 2
11	30	1 210	3.401 2	7.098 4
12	20	1 829	2.995 7	7.511 5
13	15	2 459	2.708 1	7.807 5
14	10	3 697	2.302 6	8.215 3
15	8	4 639	2.079 4	8.442 3
16	6	6 189	1.791 8	8.730 5
17	4	9 308	1.386 3	9.138 6
18	2	18 641	0.693 1	9.833 1

表 3-4　雨强 45 mm/h 裸坡 2 的分形维数估算过程

次数 M	网格尺寸 r	非空格子数 $N(r)$	$\ln r$	$\ln N(r)$
1	130	181	4.867 5	5.198 5
2	100	255	4.605 2	5.541 3
3	85	317	4.442 7	5.758 9
4	75	381	4.317 5	5.942 8
5	65	446	4.174 4	6.100 3
6	50	593	3.912 0	6.385 2
7	40	760	3.688 9	6.633 3
8	30	1 028	3.401 2	6.935 4
9	20	1 573	2.995 7	7.360 7
10	15	2 097	2.708 1	7.648 3
11	10	3 190	2.302 6	8.067 8
12	8	3 975	2.079 4	8.287 8
13	6	5 304	1.791 8	8.576 2
14	4	8 015	1.386 3	8.989 1
15	2	16 151	0.693 1	9.689 7

表 3-5　雨强 87 mm/h 裸坡 2 的分形维数估算过程

次数 M	网格尺寸 r	非空格子数 $N(r)$	$\ln r$	$\ln N(r)$
1	200	81	5.298 3	4.394 4
2	170	102	5.135 8	4.625 0
3	150	121	5.010 6	4.795 8
4	130	149	4.867 5	5.003 9
5	100	206	4.605 2	5.327 9
6	85	249	4.442 7	5.517 5
7	75	285	4.317 5	5.652 5
8	65	344	4.174 4	5.840 6
9	50	438	3.912 0	6.082 2
10	40	564	3.688 9	6.335 1
11	30	756	3.401 2	6.628 0
12	20	1 139	2.995 7	7.037 9
13	15	1 525	2.708 1	7.329 7
14	10	2 283	2.302 6	7.733 2
15	8	2 848	2.079 4	7.954 4
16	6	3 830	1.791 8	8.250 6
17	4	5 717	1.386 3	8.651 2
18	2	11 490	0.693 1	9.349 2

表 3-6　雨强 127 mm/h 裸坡 2 的分形维数估算过程

次数 M	网格尺寸 r	非空格子数 $N(r)$	$\ln r$	$\ln N(r)$
1	150	155	5.010 6	5.043 4
2	130	199	4.867 5	5.293 3
3	100	269	4.605 2	5.594 7
4	85	323	4.442 7	5.777 7
5	75	389	4.317 5	5.963 6
6	65	452	4.174 4	6.113 7
7	50	607	3.912 0	6.408 5
8	40	800	3.688 9	6.684 6
9	30	1 073	3.401 2	6.978 2
10	20	1 623	2.995 7	7.392 0
11	15	2 188	2.708 1	7.690 7
12	10	3 316	2.302 6	8.106 5
13	8	4 170	2.079 4	8.335 7
14	6	5 579	1.791 8	8.626 8
15	4	8 385	1.386 3	9.034 2
16	2	16 809	0.693 1	9.729 7

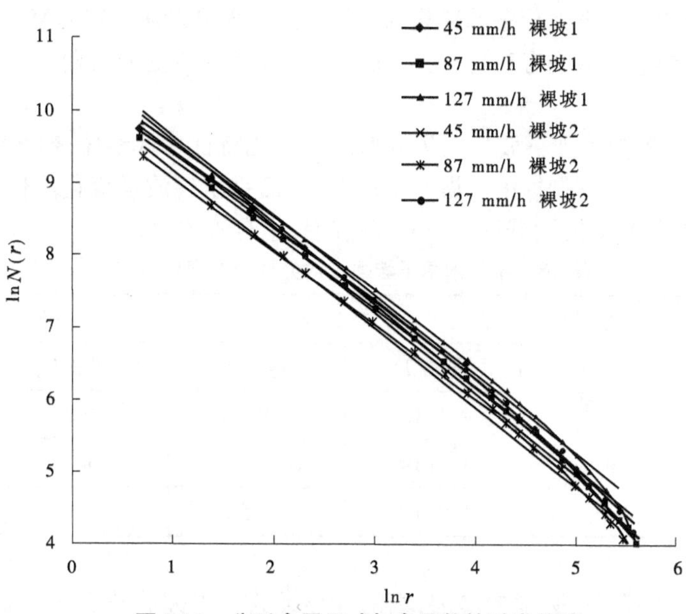

图 3-14　分形盒子尺寸与盒子数的对应关系

表 3-7　分形维数计算表

类型	雨强(mm/h)	回归方程	R^2	a
裸坡 1	45	$\ln N(r)=1.1083\ln r+10.646$	0.995	1.108 3
	87	$\ln N(r)=1.1164\ln r+10.546$	0.995	1.116 4
	127	$\ln N(r)=1.0951\ln r+10.732$	0.996	1.095 1
裸坡 2	45	$\ln N(r)=1.1011\ln r+10.646$	0.996	1.101 1
	87	$\ln N(r)=1.0780\ln r+10.646$	0.997	1.078 0
	127	$\ln N(r)=1.0955\ln r+10.646$	0.997	1.095 5

由图 3-14 可见，$\ln r$ 与 $\ln N(r)$ 的比值随着网格尺度的变化基本保持稳定，即具有标度不变性特征，这说明细沟网络的分形特征明显，可以运用分形理论分析。从细沟网络整体复杂程度分析，在 87 mm/h 雨强作用下，裸坡 2 形成的细沟网络较为简单，而其余条件下形成的 5 个网络形态复杂程度相当，这一特征可以从分形维数的变化上反映。87 mm/h 雨强下，裸坡 2 形成的沟网分形维数为 1.078 0，而其余 5 种情况下所形成的沟网分形维数变化范围为 1.09～1.2。虽然这 5 种情况下所形成的细沟网络形态在内部结构分布上存在明显差异，如分叉层次、合并结点数等，但这一点在分形维数的变化上未能充分体现。

可见，分形维数是对平面形态整体复杂程度的表达，而缺乏对系统内部结构组成的表达，由于分形维数在进行形态量化时缺少对高程变化信息的输入，因此对于描述发育较成熟的细沟网络空间形态的敏感度不够。

3.3.3　分形维数变化特征

分形思想为描述细沟网络形态提供了一种简单直观的方法。在细沟发育前期，侵蚀的发展会直接导致沟网平面形态的变化，此时，分形维数可以从一定程度上反映坡面在侵蚀动力作用下侵蚀过程的动态变化，这时细沟网络从简单到复杂的发育过程可以通过分形维数来反映。

表3-8统计了不同雨强下坡面细沟分形维数变化特征。从整体变化趋势看，细沟网络的复杂程度并不是随着侵蚀的发展而单调增加，而是呈现波动变化。且不同容重的坡面在不同量级的降雨下，细沟分形维数的变化趋势也有所差异。

表3-8　不同雨强下坡面细沟分形维数变化特征

雨强(mm/h)	降雨时间(min)	盒维数 D_f		侵蚀量(kg)	
		裸坡1	裸坡2	裸坡1	裸坡2
45	60	1.108 3	1.101 1	292	210
87		1.116 4	1.078 0	547	472
127		1.095 1	1.095 5	612	718

对于裸坡1，随着降雨强度的增加，细沟分形维数先增大后减小，87 mm/h雨强下分形维数最大，为1.116 4，127 mm/h雨强下分形维数最小，为1.095 1。分析其原因可能与坡面能量的分配和水—土界面作用力之间的对比有关，坡面在雨滴击溅和径流冲刷作用下会发生水沙运移和能量交换，首先随着降雨强度的增加，坡面的水沙运移和能量交换在不断加剧，导致坡面土壤侵蚀加剧，坡面逐渐被产生的细沟分割，支离破碎。但当降雨达到一定强度后，随着径流冲刷发展，一些小的细沟通过沟头前进、沟底下切，不断发生合并、贯通，小股径流随之转变为大股径流，径流冲刷能力加强，使原本复杂弯曲的细沟网络趋向简单化，此时，细沟网络分形维数会表现为下降的趋势。

对于裸坡2，则表现出与裸坡1不同的变化趋势，从试验观测和分形维数值分析来看，45 mm/h与127 mm/h雨强下产生的细沟网络复杂程度相当，而在87 mm/h雨强下形成的细沟网络分形维数值最小，这一点可以直观地从图3-9中提取的细沟网络的形态看出。分析其原因可能与土壤的物理性质有关，由于裸坡2较裸坡1的容重偏小，土壤相对较松散，因此在较小的雨强驱动下较易形成相对复杂的细沟网络，而当雨强增加至87 mm/h时，此时径流冲刷作用增加，可能导致沟网的合并、贯通加剧，使细沟形态趋于简单，反而不易形成细密的网络结构。而当雨强进一步增加至127 mm/h时，由于雨强的加大使坡面能量流动加快，细沟网络在经过调整之后，由一种相对平衡状态再次发展为不平衡状态，细沟迎来二次发育，成为较宽、较深且形态较复杂的细沟网络。从分形维数上看，127 mm/h与45 mm/h雨强下的值相当，但实际上此时的细沟网络发育程度差异明显。

从整体结果看来，在不同雨强下，裸坡1和裸坡2降雨1 h后的细沟网络分形维数差异并不明显，变化幅度在1.07～1.12，说明从分形特征上表征的不同雨强下细沟网络发育复杂程度相当，但是根据试验观测，细沟侵蚀发育过程直接受雨强的影响，不同雨强，同一降雨历时下的细沟发育程度存在明显差异，但这一差异并不能够在分形维数值的变化上体现出来。

3.4　坡面地貌信息熵研究

通过人工模拟降雨试验观察发现,在细沟发育初始阶段,分形维数能较好地表达细沟发育程度,但当侵蚀发展到一定程度,细沟网络发育基本成熟,此时沟网结构基本稳定,细沟开始向纵深发展,这时分形维数的表征就显得不够全面。分形维数在复杂平面结构的表达上有其优势,但是对于多维度的形态表达不够全面。为达到对坡面侵蚀系统发育过程的全面刻画,需要寻找一种能从多维度上量化形态发育的参数,因此在坡面侵蚀形态中引入了能量参数"地貌信息熵"。

坡面是一个开放的水文动力系统,同时也是一个自组织系统,它具备自组织系统的特点,即追求系统的有序性。从系统论的观点看,细沟发育过程实际上是由系统的无序输入(降雨、径流等),经自组织系统调整后(坡面能量交换),产生的有序输出过程(产流产沙、地形变化)。

地貌学家自20世纪60年代开始将热力学"熵"的概念引入地貌研究,并结合开放系统、信息论的思想,将地貌发育程度用地貌信息熵来量化。从地貌角度分析,土壤侵蚀系统内部进行的能量交换过程总是伴随着熵的增加,熵的增加表示在系统能量一定的情况下,质量变得愈来愈坏,通过能量的耗散使系统趋于平衡,这一过程对于坡面侵蚀系统来说,则意味着地块愈来愈破碎,细沟发育程度不断增加。基于这一理论可知,坡面侵蚀过程伴随着地貌的熵增过程,因此本次研究尝试通过熵增的程度来量化坡面细沟的发育程度。

地貌信息熵是艾南山在斯特拉勒分级法(Strahler)曲线积分的基础上依据信息熵原理推导而来的。其物理意义在于,Strahler 曲线中的相对高度可代表侵蚀过程的强度,而地表残留的面积可代表系统在这种侵蚀强度下保持地貌形态的能力,因而 Strahler 曲线提供了地貌发育阶段的信息,是一种能量角度上的量化。从"熵"的角度来量化坡面形态,希望可以展现细沟发育的多维度特性。

3.4.1　坡面地貌信息熵计算

地貌系统信息熵的数学表达式是基于信息熵原理和 Strahler 面积—高程曲线积分建立的,艾南山推导出的表达式为

$$H = S - \ln S - 1 = \int_0^1 f(x)\,dx - \ln\left[\int_0^1 f(x)\,dx\right] - 1 \tag{3-5}$$

式中　H ——地貌信息熵;

S —— Strahler 面积—高程积分;

$f(x)$ —— Strahler 面积—高程曲线。

面积—高程积分值的计算方法如下:设 i 流域的总面积为 A_i,i 流域内第 m 条等高线以上的面积为 a_i^m,第 m 条等高线与 i 流域最低点的高程差为 h_i,i 流域的总高差为 ΔH_i,则以 a_i^m/A_i 为横坐标,以 $h_i/\Delta H_i$ 为纵坐标,可以得到的一系列(X, Y)点,显然 X、Y 值均在[0,1]内,将这一系列点点绘在坐标系下,即可得到一条面积—高程曲线,曲线与坐标轴所包围的面积即为所求的面积—高程积分值。

从地貌信息熵的物理意义上解释，径流势能的大小由坡面的相对高度决定，为坡面泥沙起动提供动力条件，坡面面积的大小决定了坡面所能接收雨量的多少，也直接影响土壤侵蚀的发生。因此，从表达式的物理意义上来说，坡面地貌信息熵是对细沟发育程度的表征。

3.4.2　基于 GIS 的坡面地貌信息熵实现过程

坡面地貌信息熵的计算中，面积—高程积分值的计算可以在 ArcGIS 中进行。首先将坡面地形生成等高线图，利用 ArcGIS 中的绘图工具将图形转换为要素，然后根据面积—高程积分值的通常计算方法，利用编辑器里的裁剪、拆分、面积查询工具可以实现每一条等高线以上面积的提取(见图 3-15)。

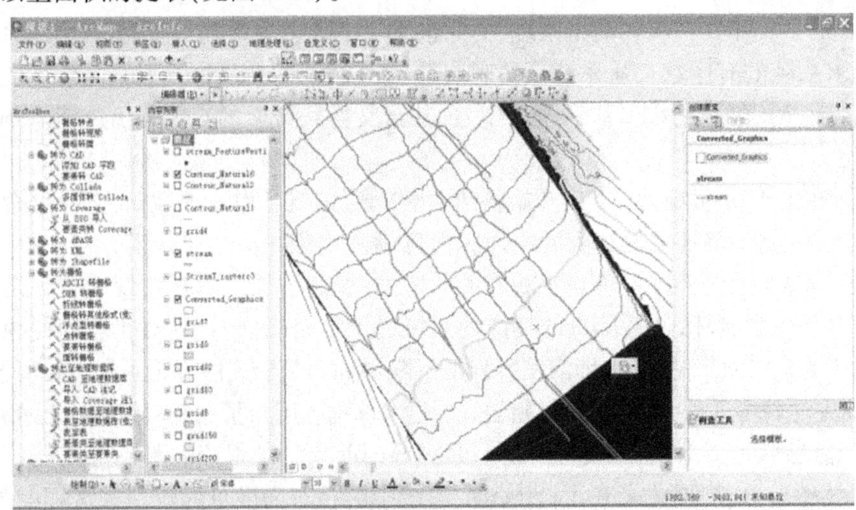

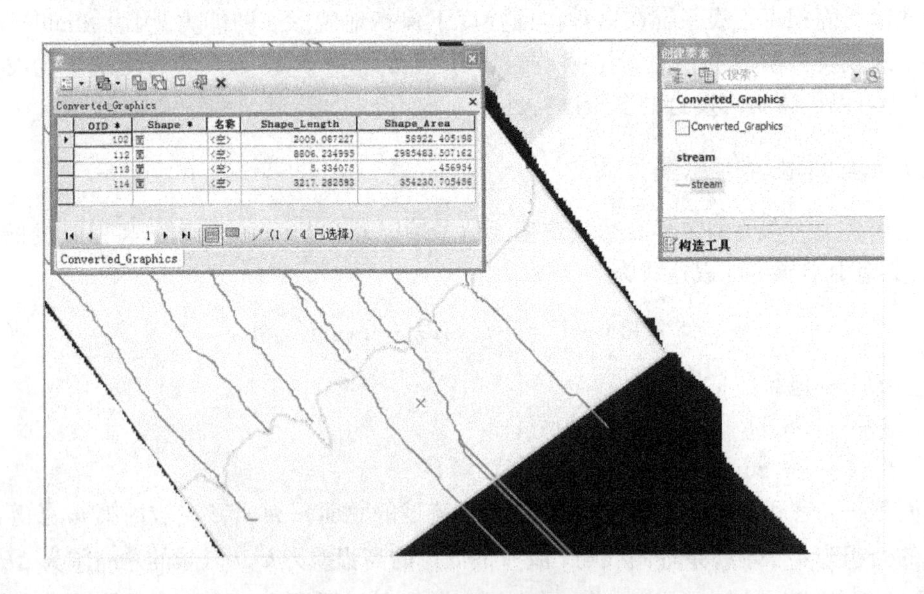

图 3-15　地貌信息熵的计算

本次计算采用三次多项式进行拟合，拟合效果较好(R^2 > 0.99)。Strahler 面积—高程曲线积分就是曲线与坐标轴围合的面积(见图3-16、图3-17)。

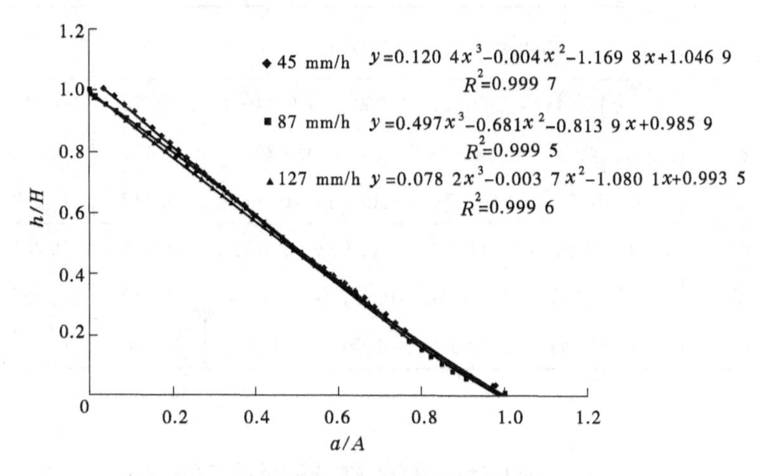

图3-16　坡面面积—高程曲线(裸坡1)

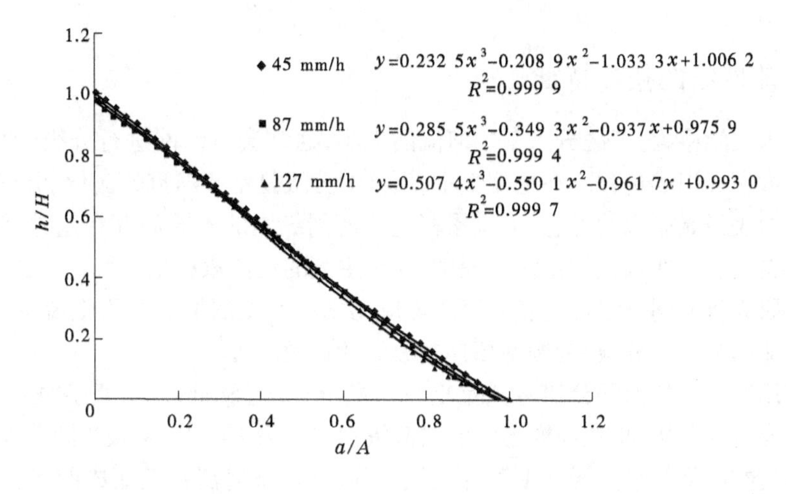

图3-17　坡面面积—高程曲线(裸坡2)

3.4.3　地貌信息熵变化特征

不同雨强下裸坡1和裸坡2的地貌信息熵变化特征见表3-9。分析可见,随着降雨强度的增加和侵蚀发展的加剧,裸坡1和裸坡2的地貌信息熵值均呈单调增加,这一点符合熵增原理,说明对于同一下垫面,相同的降雨历时下,较大雨强对应的侵蚀较剧烈,地貌发育较成熟。通过对同一雨强下两个坡面的地貌信息熵值对比可见,裸坡1较裸坡2整体偏小,说明裸坡1这一坡面系统所保留的能量较裸坡2小。结合二者的容重分析,裸坡1的容重较大,相对而言,在相同降雨条件下,裸坡2的侵蚀较为剧烈,在坡面能量系统输入相同的情况下,系统能量输出较裸坡1大,造成裸坡2在整个侵蚀过程中坡面发育较为充分,地形破碎程度较大。以上分析表明,坡面侵蚀的强弱对比可以从地貌信息熵的变化上体现,其多维度性较强,对于侵蚀发育后期的坡面形态表述较为准确,可以作为较敏感的形态量化参数。

表 3-9　坡面地貌信息熵计算

类型	雨强(mm/h)	Strahler 面积—高程曲线	S	H	侵蚀量(kg)
裸坡 1	45	$y=0.1204x^3-0.004x^2-1.1698x+1.0469$	0.478	0.216	292
	87	$y=0.497x^3-0.681x^2-0.8139x+0.9859$	0.452	0.246	547
	127	$y=0.0782x^3-0.0037x^2-1.0801x+0.9935$	0.442	0.259	612
裸坡 2	45	$y=0.2325x^3-0.2089x^2-1.0333x+1.0062$	0.456	0.241	210
	87	$y=0.2855x^3-0.3493x^2-0.937x+0.9759$	0.442	0.259	472
	127	$y=0.5074x^3-0.5501x^2-0.9617x+0.993$	0.438	0.263	718

3.5　细沟网络拓扑特征研究

3.5.1　汇流网络的拓扑特征

在河流水文学中，为了区分水系中河流的大小，通常会对河网进行分级，即对一个河网层次进行数字标识的过程。在地貌学中，河流的分级是基于河流的流量、形态等因素进行的。根据地表径流模拟的思想，汇流累积量依河网级别的不同而存在差异，级别越高，汇流累积量越大。而在水文学汇流原理中，往往主流的汇流累积量较大，支流的汇流累积量较小。本研究将河网分级理论和汇流原理应用于小尺度的坡面细沟汇流中，类似地对坡面细沟汇流网络进行分级，为沟网拓扑参数的计算做准备。

目前使用最广泛的河网分级方法是斯特拉勒分级法(Strahler)。此方法基于对水系形态与水文要素的分析，将从河源出发的河流级别定义为 1 级，由两条相同等级的河流相汇而成的河流在原来等级上增加 1 级，由级别不同的两条河流相汇而成的河流取级别较高者。其表达式为

$$\omega * \omega = \omega + 1 \tag{3-6}$$

$$\omega * n = n \quad (n > \omega) \tag{3-7}$$

式中　ω、n——河流的级别，ω、$n = 1,2,\cdots,\Omega$，其中 Ω 为水系中最高级别河流的级数；

　　$*$——两条河流相交汇的运算符号。

水系的连接方式不外乎是下列四种(见图 3-18)：一曰叉(Fork)，为一河道向下分成两条或两条以上汊道；一曰合(Junction)，为两条以上的汊道向下合成一条汊道；三曰结(Knot)，为两条或两条以上的汊道汇成一点后即又分成两条或两条以上汊道；四曰口(Outlet)，为河道经上述三种连接方式或单独河道的最终入海口门，是河口汊道与海洋的连接点。

坡面产流过程中，最初会在坡面形成面流，但由于坡面微地形起伏导致的面流能量分布不均，面流会慢慢汇集在一起形成股流，股流的形成增加了坡面径流的冲刷能力，在坡面上形成较小的细沟，细沟的形成标志着坡面漫流向集中股流的转化，因此细沟是一种能

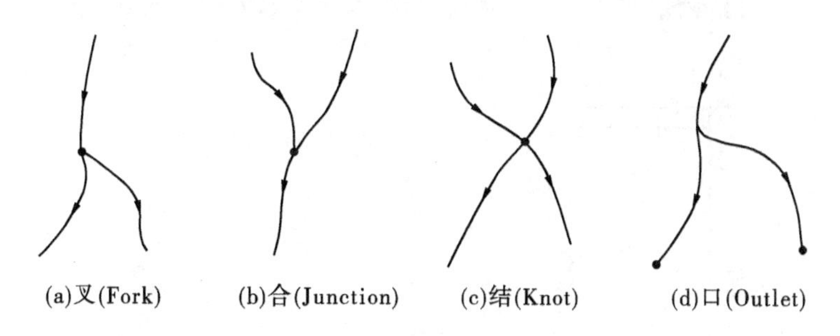

图3-18　水系的连接方式

量的汇聚形式，由此形成的细沟网络中，顺水流方向只存在细沟的合并，很少会有分叉的出现。从这一角度分析，通过细沟网络合并结点数的变化，可以从一定程度上反映网络的分级、分叉、离散、稳定程度(见图3-19)。因此，本次研究运用细沟网络的分级、合并结点数、分叉比等参数来研究细沟网络的拓扑结构。

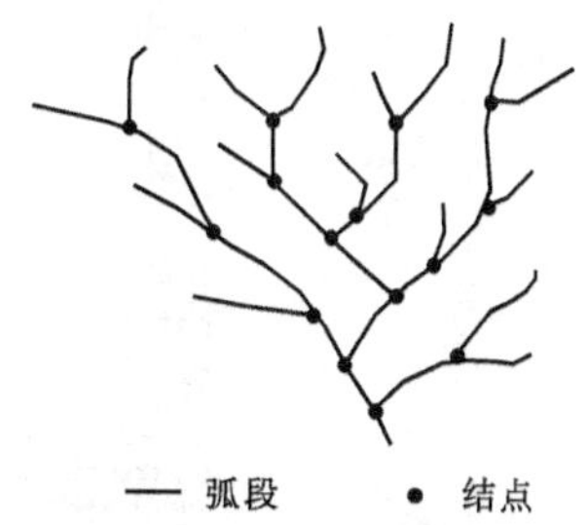

图3-19　细沟网络的拓扑特征

细沟网络分叉比的物理意义是，汇流网络中低等级径流的数量越多，高等级径流的数量越少，细沟分叉比越大，说明细沟网络中径流分支越多，细沟网络越发达。其表达式为

$$R_b = N_{i-1} / N_i \tag{3-8}$$

式中　R_b——分叉比；

N_i——级数为 i 的径流数量，$i = 2,3,\cdots,\Omega$；

Ω——汇流网络中最高级径流的级数。

式(3-8)所表达的规律就是霍顿河数定律，这一定律最开始被应用于宏观的河流网络。对于一个汇流网络而言，径流数目 N_i 随着汇流级别 i 的增加而减小，且最高级的径流数目总是1，即 $N_\Omega = 1$。

3.5.2　基于GIS的拓扑学参数实现过程

3.5.2.1　沟网结点的提取

在ArcGIS中，Stream link记录着河网节点之间的连接信息。Stream link基于水流方向数据和栅格河网数据计算，经过Stream link计算之后，它将栅格河网分成不包含汇合点栅格河网片段，并将片段进行记录，在属性表中除记录该片段的ID号外，还记录着每个片段所包含的栅格数，如图3-20所示。

3.5.2.2　网络分级的实现

在ArcGIS的水文分析模块中，提供了Strahler分级和Shreve分级两种河网分级方法：Strahler分级中，将河网中没有支流河网弧段分为第1级，两个1级河网汇流成的河网为第2级，依此类推，分别为第3级、第4级，直到河网出口，这是一种比较常用的河网分级方法。在Shreve分级中，第1级河网的定义与Strahler相同，两条1级河网汇流而成的河网为2级河网，对于以后更高级别的河网，其级别为其汇入河网的级别之和。

表

StreamL_ras10

OBJECTID *	Value	Count
1	1	81
2	2	88
3	3	36
4	4	92
5	5	181
6	6	28
7	7	54
8	8	78
9	9	39
10	10	66
11	11	82
12	12	46
13	13	38
14	14	6
15	15	35
16	16	33
17	17	45
18	18	17
19	19	120
20	20	10
21	21	12
22	22	55
23	23	18
24	24	26

1　(0 / 171 已选择)

StreamL_ras10

图 3-20　Stream link 的属性框

在 ArcGIS 中,可以在水流方向数据和栅格河网数据的基础进行沟网分级,如图 3-21 所示。

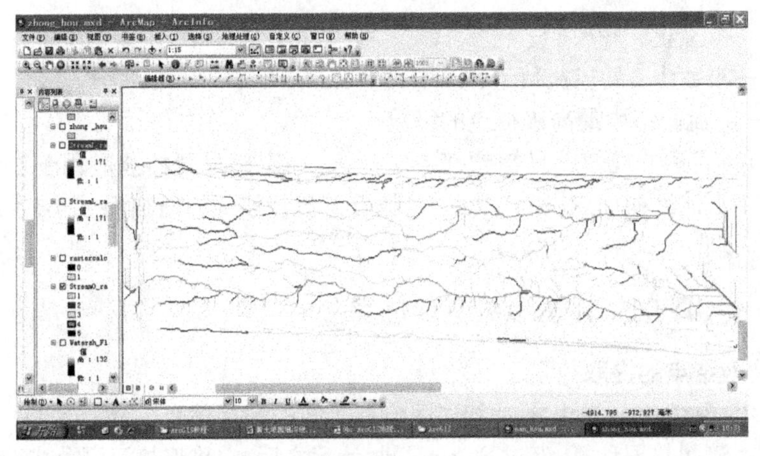

图 3-21　沟网分级在 ArcGIS 中的实现

3.5.3　细沟网络的拓扑参数计算

由于细沟网络分叉比随汇流网络级别的不同而变化,为了便于对比,本书采用平均分叉比量化细沟网络拓扑特征。各级别细沟网络统计见表 3-10,不同雨强下坡面细沟网络平均分叉比计算过程见表 3-11 ~ 表 3-16。

表3-10　各级支沟数目统计

沟网级别(i)	不同雨强裸坡1 N_i			不同雨强裸坡2 N_i		
	45 mm/h	87 mm/h	127 mm/h	45 mm/h	87 mm/h	127 mm/h
1	41	37	70	43	22	50
2	8	8	13	8	5	10
3	2	2	3	4	2	4
4	1	1	1	1	1	1

表3-11　裸坡1雨强45 mm/h平均分叉比计算过程

沟网级别	细沟数目	相邻两级沟网分叉比	相邻两级细沟总数	第三项×第四项
1	41			
2	8	41/8 = 5.125	41 + 8 = 49	5.125 × 49 = 251.125
3	2	8/2 = 4	8 + 2 = 10	4 × 10 = 40
4	1	2/1 = 2	2 + 1 = 3	2 × 3 = 6
		平均分叉比 297.125/62 = 4.792	累计总量62	累计总量297.125

表3-12　裸坡1雨强87 mm/h平均分叉比计算过程

沟网级别	细沟数目	相邻两级沟网分叉比	相邻两级细沟总数	第三项×第四项
1	37			
2	8	37/8 = 4.625	37 + 8 = 45	4.625 × 45 = 208.125
3	2	8/2 = 4	8 + 2 = 10	4 × 10 = 40
4	1	2/1 = 2	2 + 1 = 3	2 × 3 = 6
		平均分叉比 254.125/58 = 4.381	累计总量58	累计总量254.125

表3-13　裸坡1雨强127 mm/h平均分叉比计算过程

沟网级别	细沟数目	相邻两级沟网分叉比	相邻两级细沟总数	第三项×第四项
1	70			
2	13	70/13 = 5.385	70 + 13 = 83	5.385 × 83 = 446.955
3	3	13/3 = 4.333	13 + 3 = 16	4.333 × 16 = 69.328
4	1	3/1 = 3	3 + 1 = 4	3 × 4 = 12
		平均分叉比 528.283/103 = 5.129	累计总量103	累计总量528.283

表 3-14　裸坡 2 雨强 45 mm/h 平均分叉比计算过程

沟网级别	细沟数目	相邻两级沟网分叉比	相邻两级细沟总数	第三项 × 第四项
1	43	43/8 = 5.375	43 + 8 = 51	5.375 × 51 = 274.125
2	8	8/4 = 2	8 + 4 = 12	2 × 12 = 24
3	4	4/1 = 4	4 + 1 = 5	4 × 5 = 20
4	1			
		平均分叉比 318.125/68 = 4.678	累计总量 68	累计总量 318.125

表 3-15　裸坡 2 雨强 87 mm/h 平均分叉比计算过程

沟网级别	细沟数目	相邻两级沟网分叉比	相邻两级细沟总数	第三项 × 第四项
1	24	24/5 = 4.8	24 + 5 = 29	4.8 × 29 = 139.2
2	5	5/2 = 2.5	5 + 2 = 7	2.5 × 7 = 17.5
3	2	2/1 = 2	2 + 1 = 3	2 × 3 = 6
4	1			
		平均分叉比 162.7/39 = 4.172	累计总量 39	累计总量 162.7

表 3-16　裸坡 2 雨强 127 mm/h 平均分叉比计算过程

沟网级别	细沟数目	相邻两级沟网分叉比	相邻两级细沟总数	第三项 × 第四项
1	50	50/10 = 5	50 + 10 = 60	5 × 60 = 300
2	10	10/4 = 2.5	10 + 4 = 14	2.5 × 14 = 35
3	4	4/1 = 4	4 + 1 = 5	4 × 5 = 20
4	1			
		平均分叉比 355/79 = 4.494	累计总量 79	累计总量 355

3.5.4　拓扑参数变化特征

从表 3-17 计算结果来看，裸坡 1 的拓扑参数较裸坡 2 整体偏大，说明裸坡 1 的沟网支汊较为发育，细沟网络较为分散，稳定程度较低。将拓扑参数计算结果与坡面地貌信息熵对应分析，由于裸坡 1 容重较大，沟床不易下切，细沟在发育过程中趋向于扩散，而在纵向发展较慢，易形成较分散的沟网；裸坡 2 容重较小，土壤结构较为松散，在水流作用下沟底和边壁的泥沙较易被带走，以细沟为通道输移至出口，在形态变化上表现为下切较快而扩散较慢，因此裸坡 1 的合并结点数较裸坡 2 偏大。

通过对比同一坡面不同降雨强度下的拓扑参数变化可知，降雨强度与细沟网络拓扑特征间并非是正反馈关系。同一降雨历时下，较大雨强形成的细沟网络拓扑参数不一定大，而较小雨强形成的细沟网络拓扑参数不一定小。拓扑参数与分形维数的不同之处在于，前者表达的是细沟网络内部组织结构的差异，而后者则是对网络整体复杂程度的描述。

表3-17　不同雨强下拓扑参数与单因子参数

雨强(mm/h)	降雨时间(min)	裸坡1				裸坡2			
		合并结点数(个)	分叉比	长度(mm)	密度(mm/mm²)	合并结点数(个)	分叉比	长度(mm)	密度(mm/mm²)
45	60	49	4.792	26 957	0.006 0	39	4.678	26 903	0.007 3
87		33	4.381	25 146	0.006 4	25	4.127	18 503	0.004 9
127		63	5.129	30 222	0.007 1	53	4.494	27 755	0.007 2

细沟形态的传统单因子量化参数主要包括长度、宽度、密度等，其中细沟长度直接受细沟形态变化的影响，从而改变细沟密度。为揭示细沟网络拓扑特征参数与单因子量化参数之间的关系，通过相关分析，判断两者之间的内在联系。

由图3-22可见，细沟长度、密度与合并结点数之间呈现较明显的对数分布关系，其相

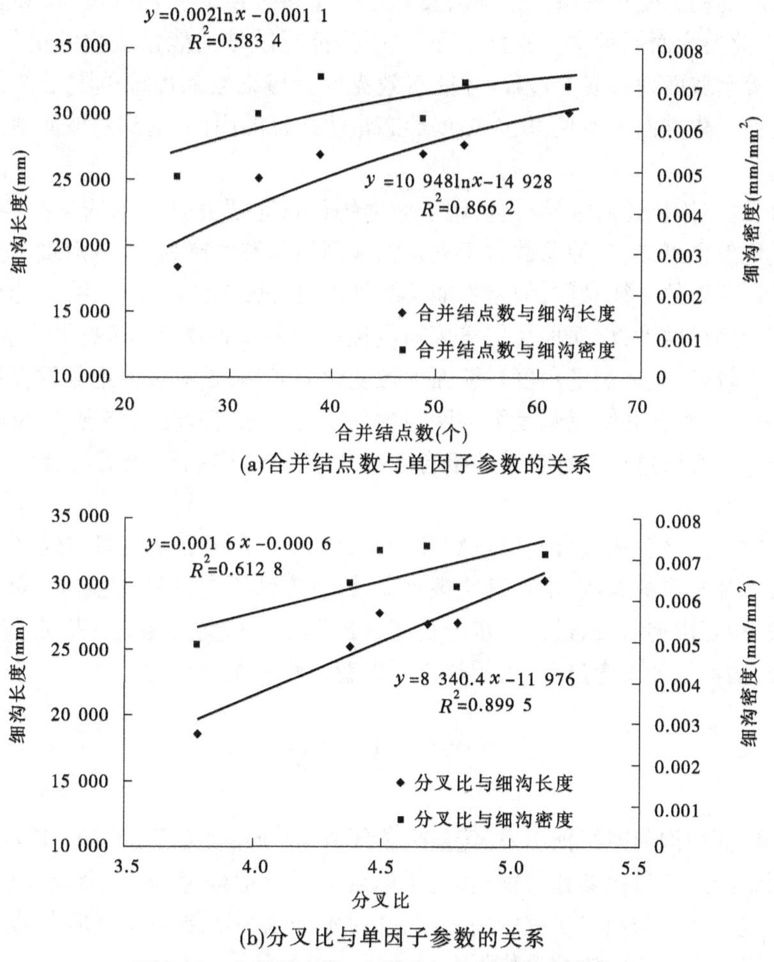

(a)合并结点数与单因子参数的关系

(b)分叉比与单因子参数的关系

图3-22　合并结点数、分叉比与单因子参数的关系

关系数 R^2 分别为0.866 2、0.583 4；细沟长度、密度与分叉比之间呈现较明显的线性关系，相关系数 R^2 分别为0.899 5、0.612 8。通过拓扑参数与单因子量化参数相关分析可知，两者之间并不孤立，而是具有明显的相关关系。

3.6 量化参数综合比较

通过对比细沟分形维数、坡面地貌信息熵、细沟网络分叉比和结点数的量化效果发现，随着雨强的增大，坡面侵蚀量在加剧，细沟的纵向起伏也随之加剧，在较大雨强下产生的细沟比小雨强下产生的细沟更宽更深，但是这一变化特征无法在分形维数上反映出来，在细沟发育前期以扩张为主的阶段，分形维数能较好地表达细沟网络发育程度，但到侵蚀发育后期，细沟网络不再继续扩张，而是随着沟底下切、沟壁坍塌，细沟形态开始朝纵深发展，此时分形维数就失去了它的优势，对这一过程的表达不再敏感。从分形维数与产沙量的对比分析发现，细沟网络分形维数与侵蚀量的相关性不理想，不能全面表达坡面侵蚀过程中侵蚀强弱的动态变化关系。细沟的发育是一个多维度的变化过程，其实质是坡面能量的变化，因此要全面揭示这一发育过程，需引进能反映坡面能量变化的量化参数，只有从能量角度揭示坡面地形演变过程，才能有效克服分形维数和传统单因子参数在描述细沟形态非线性变化方面的不足，从而拓展形态量化指标的内涵，达到对坡面地形变化过程的全面刻画。

将分形、熵与拓扑几何学相结合，用于坡面细沟形态研究是本书的一次尝试，对比三种参数的量化效果可知，三种参数对于表达细沟网络形态各有利弊，分形维数是细沟网络形态整体复杂程度的表征参数，但是不能反映坡面侵蚀强弱的动态变化，不能全面表达细沟形态发育的多维度性；坡面地貌信息熵随侵蚀的加剧单调增大，其变化非常稳定，与产沙量的相关性较高，是从能量角度对坡面地形变化的表达，是对坡面地貌发育程度较好的量化表达；分叉比和合并结点数是细沟网络内部结构和稳定程度的体现，可反映沟网内部的组织特征。能否通过对几种参数的组合来量化细沟形态特征，仍需结合坡面侵蚀的变化规律进一步研究。

分形维数、地貌信息熵、合并结点数和分叉比，是从不同角度对细沟网络形态进行量化的较为敏感和本质的参数，虽然其物理意义、计算方法不同，但彼此之间不是孤立的，而是相互关联、相互影响的，通过进一步分析筛选出其中的优势参数，并将描述不同特征的参数相结合，揭示侵蚀发育过程，可望达到对发育过程的全面量化。

3.7 小　结

本章从坡面细沟形态特征出发，定量分析了在45 mm/h 、87 mm/h 、127 mm/h 降雨强度下坡面细沟形态量化参数特征，实现了综合运用分形理论、熵理论、拓扑学理论分析法进行复杂侵蚀现象和规律研究的新思路，并对不同雨强下细沟发育形态的空间分异特征进行了研究。取得的主要结论如下：

(1)通过对分形维数、地貌信息熵、合并结点数和分叉比的量化效果对比，细沟网络分形维数差异较小,在 1.07 ~1.12,分形维数作为整体性的量化参数,与细沟长度、密度呈现正比关系(R^2分别为 0.889 4 和 0.906 5),但对描述发育成熟的细沟形态差异不够灵敏;坡面地貌信息熵随雨强的增大符合熵增原理,变化范围为 0.21 ~0.27,与侵蚀量相关关系较好,是能够反映坡面侵蚀程度的较为灵敏的参数;细沟沟网的拓扑特征参数(合并结点数和分叉比)较好地体现了细沟沟网内部结构的差异,合并结点数与细沟长度、密度呈现对数关系(R^2分别为 0.866 2 和 0.583 4),分叉比与细沟长度、密度呈现正比关系(R^2分别为 0.899 5 和 0.612 8),是可用于描述沟网内部结构特征的较灵敏参数。

(2)分形维数、地貌信息熵、合并结点数和分叉比,是从不同角度对细沟网络形态进行量化的较为敏感和本质的参数,虽然其物理意义、计算方法不同,但彼此之间并不孤立,通过研究筛选出其中的优势参数,并进行有效组合,可望达到对发育过程的全面量化。

(3)细沟形态的发育是一个多维度的变化过程,而这一形态发育取决于水—土界面内外营力相互作用的对比关系,对这一过程的揭示要从时间量化和状态量化两方面入手,即过程 = 状态 + 时间,只有这样,才能达到对坡面系统侵蚀发育过程的全面表达。

第 4 章 降雨驱动下细沟形态时空分异规律

本章通过对降雨驱动下细沟形态演变规律的分析，重点研究各形态参数对空间结构和过程属性表达上所展现出的规律，揭示降雨强度、降雨历时与细沟发育形态间的定量响应关系，并从描述形态演变规律的准确度、表达侵蚀变化过程的合理性等方面，对各形态参数的合理性和敏感性进行评价。本章希望通过控制试验过程中的动力条件和边界条件，采用科学的量化手段，将降雨和细沟形态相联系，阐明坡面降雨—产沙—细沟形态定量响应规律，为土壤侵蚀数学模型提供地形的发育演化信息，为提高水土流失预报模型的可靠性和准确性提供科学依据。

4.1 降雨驱动下坡面侵蚀产沙过程

4.1.1 坡面产沙量随降雨的变化

累积侵蚀量随降雨时间的变化如图 4-1 所示。由图 4-1 知，随着降雨强度的增大，累积侵蚀量明显增加，说明雨强增大可导致侵蚀加剧。在各雨强下，累积侵蚀量随降雨时间的增加而增大，在侵蚀的初期侵蚀量增加较为缓慢，随着降雨时间的持续，侵蚀逐渐加剧，累积侵蚀量与降雨时间呈显著的二次曲线关系，且相关系数 R^2 均在 0.99 以上。分析其原因，是在侵蚀初期，坡面的主要侵蚀方式为雨滴溅蚀，随着降雨的持续和土壤含水量的增加，坡面发生面流，导致面蚀出现。与细沟侵蚀相比，溅蚀、面蚀发生时坡面尚未形成稳定的泥沙输送通道，土壤流失量相对较少，而一旦细沟侵蚀发生并成为占主导地位的侵蚀方式，土壤流失量将会迅速增加。这一结果与沈海鸥等(2015)得到的结果是相似的，他研究认为降雨强度在土壤侵蚀中发挥了重要作用，较大的降雨强度将导致更大的土壤流失，甚至与降雨量的增加相同，特别是在土壤侵蚀的早期阶段。

图 4-2 是土壤侵蚀率随降雨时间的变化，进一步表明，土壤侵蚀率与降雨强度也存在明显的对应关系，降雨强度越大，土壤侵蚀率越高。在相同的降雨时间下，127 mm/h 雨强下的土壤侵蚀率最大，而 66 mm/h 雨强下的土壤侵蚀率最小。从土壤侵蚀率随降雨历时的变化趋势可以看出，坡面土壤侵蚀率在侵蚀的初期大体随降雨时间的增加而增大，在降雨持续几十分钟后，会达到一个相对稳定的阶段，即形成一个持续振荡的平台，或者说达到一个“相对平衡”阶段的发展。产生这一现象的原因是，一旦细沟网络形成，细沟成为泥沙的主要运输途径，细沟中的水流速度增大，导致顺坡方向的泥沙侵蚀量较面流增加。在相同降雨强度下，随着降雨量的增加，细沟网络的发展逐渐趋于成熟，此时侵蚀率达到一个稳定阶段。因此，降雨强度对坡面土壤侵蚀率有着重要影响，在细沟发育的初期产沙量增加迅速，而当细沟形态趋于稳定时，产沙量维持在一定水平并持续振荡。这一结果与 Fujiwara(1990)的研究结果相一致，他认为坡面产沙量随着细沟网络的发育增长迅速，但

这一变化趋势在侵蚀发生几十分钟后变缓。

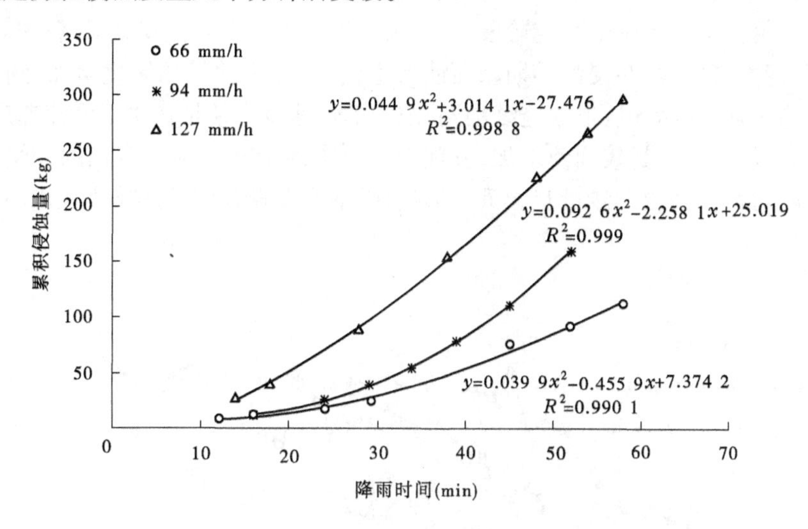

图 4-1　累积侵蚀量随降雨时间的变化

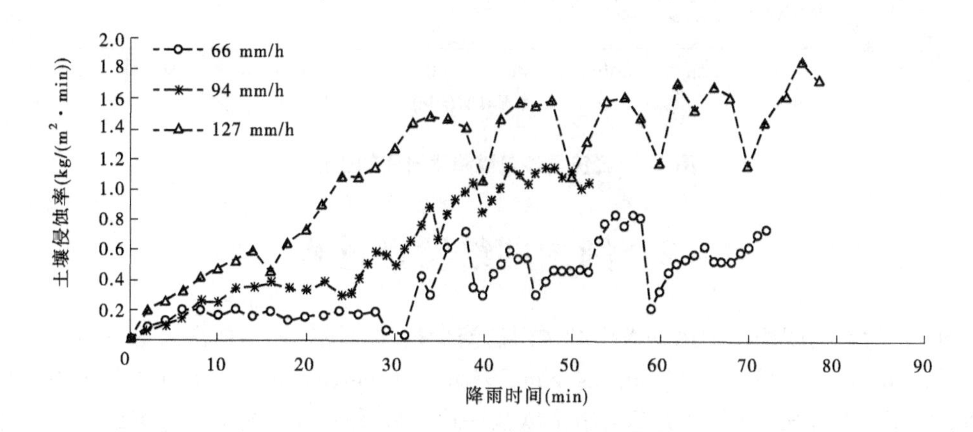

图 4-2　土壤侵蚀率随降雨时间的变化

4.1.2　径流含沙量随降雨的变化

图 4-3 所示为径流含沙量随降雨时间的变化。对比同一降雨时间不同降雨强度下含沙量值,可以看出径流含沙量与降雨强度存在明显的相关关系,降雨强度越大径流含沙量越高。在相同的降雨时间下,127 mm/h 雨强下的径流含沙量最大,平均为 0.418 g/mL,而 66 mm/h 雨强下的含沙量最小,平均为 0.286 g/mL。对比不同降雨强度下径流含沙量的动态变化趋势可以看出,降雨强度不同,径流含沙量的变化趋势也有所差异。127 mm/h 雨强下径流含沙量在侵蚀的初期大体随降雨时间的增加而增大,在降雨持续至 30 min 左右,会达到一个相对稳定的阶段,并持续振荡;94 mm/h 和 66 mm/h 雨强下径流含沙量在侵蚀初期增长较为缓慢,20 ~ 30 min 后的侵蚀中后期阶段振荡上升速度较快。分析这一现象产生的原因,与细沟网络的发展有关,大雨强下细沟网络前期发展较快,细

沟网络形成较早,在 30 min 左右即形成较为稳定的沟网,为泥沙的运输提供了相对稳定的通道,此时侵蚀率达到一个稳定阶段,表现为径流含沙量在高值持续振荡;中等雨强下,细沟网络前期发展较慢,在侵蚀早期以面蚀为主,表现为含沙量的缓慢增加,到侵蚀中后期,断续细沟贯通,逐渐连接形成连续沟网,细沟的快速发育使细沟中的水流速度增大,导致顺坡方向的泥沙侵蚀量较面流增加,表现为径流含沙量在侵蚀中后期的较快增长。因此,降雨强度对坡面径流含沙量有着重要影响,受细沟发育程度的影响表现出不同的变化趋势。

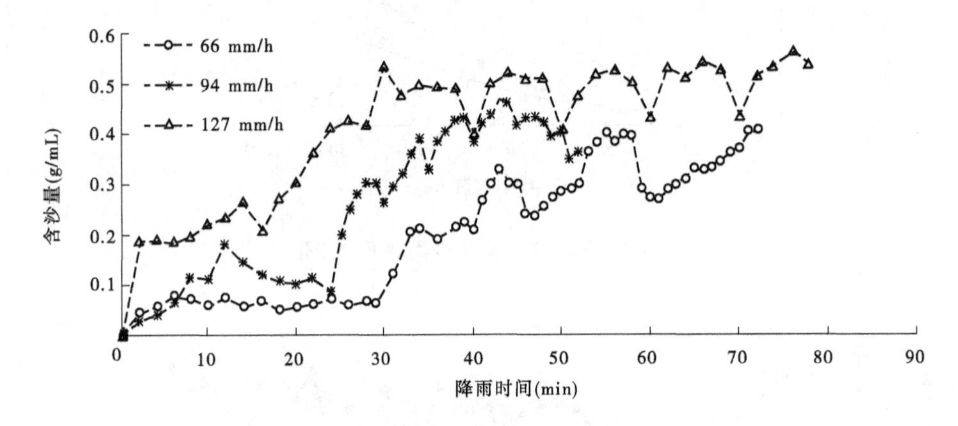

图 4-3　径流含沙量随降雨时间的变化

4.2　细沟网络发育过程

图 4-4 为高精度相机拍摄的坡面细沟形态演变过程。图中所示依次为 66 mm/h 雨强下降雨 3 min、5 min、12 min、16 min、24 min、29 min、45 min、52 min、58 min 时的坡面细沟形态。由图 4-4 可知,细沟的发育经历了跌坎—连续跌坎—断续细沟—连续细沟等一系列的演变过程。跌坎的出现是细沟发育开始的标志,其发生位置通常在坡面的中下部,跌坎随着侵蚀的发展会逐渐演变成下切沟头,并在溯源侵蚀作用下向上延伸形成断续沟网。随着侵蚀的继续发展,伴随着沟头前进、沟床下切、沟壁坍塌,断续沟网逐渐贯通并继续扩张,演变为完整的细沟网络。

由实际发育过程和观测记录分析,坡面产流发生在降雨开始 3 min 后,此时坡面侵蚀方式主要是雨滴溅蚀,产沙量较少。在降雨开始 5 min 后,随着土壤含水率的增加,下渗作用减弱,坡面开始形成面流,面流出现使雨滴对坡面的击溅作用减弱,此时的主要侵蚀方式由溅蚀转化为面蚀。在降雨持续约 10 min 后,由于坡面初始地形导致的能量分布不均,加剧了面蚀的不平衡性,坡面径流由面流逐渐汇聚形成集中股流,集中股流使水流侵蚀力大大增加,并不断冲刷土体,被带走的土体逐渐在坡面上形成跌坎,成为细沟侵蚀开始的标志。在降雨持续约 20 min 时,沿坡面逐渐形成许多小的细沟和跌坎链,细沟网络雏形开始显现。此后,在水流的继续冲刷淘蚀下,细沟不断发育,汇流能量增加,形成断续

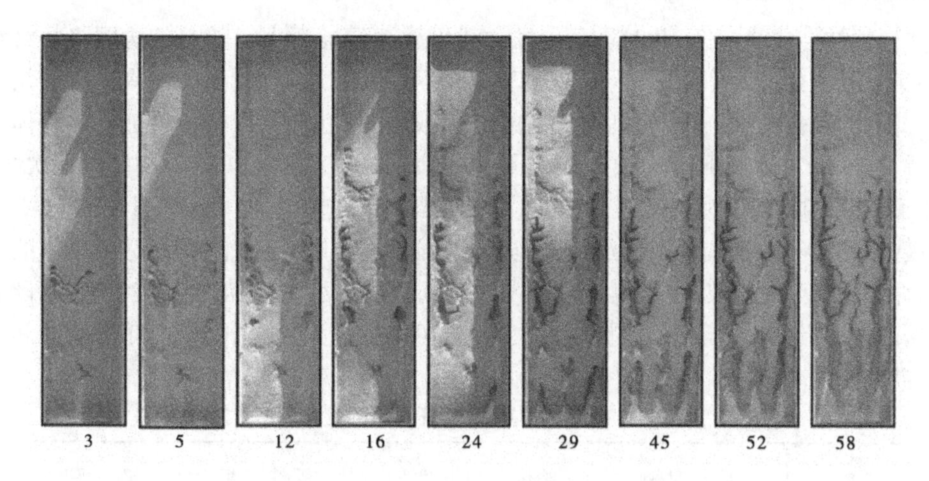

图 4-4　试验中拍摄的 66 mm/h 雨强下不同降雨历时(min)
的坡面细沟形态演变过程

细沟。随着降雨的继续,沟头溯源和沟底下切加剧,细沟边壁不断崩塌,断续细沟间的分水岭被逐渐侵蚀,从而逐渐贯通形成树枝状连续细沟网络,在降雨约 40 min 后细沟网络发育基本成熟。

4.3　降雨对细沟边界的塑造过程

伴随着坡面侵蚀产沙过程的发展,细沟的边界条件会发生剧烈变化,这也是细沟侵蚀区别于其他沟道侵蚀的一个显著特点。本节通过跟踪模拟降雨条件下细沟边界变化的全过程,监测坡面泥沙冲淤动态分布,细沟边界条件的剧烈变化可以归纳为沟头前进、沟壁坍塌和沟床下切,这三种侵蚀方式分别对应溯源侵蚀、重力侵蚀和水流剪切分散作用,水流剪切会导致沟床下切,溯源侵蚀会导致细沟长度的变化,沟壁坍塌则会导致细沟宽度的变化。这三种侵蚀系统内部驱动作用的侵蚀机制各不相同,产沙特点与规律也有所不同。其中,细沟流的水动力条件影响着水流剪切分散作用,水力侵蚀与重力侵蚀的综合作用影响着溯源侵蚀与沟壁坍塌速率。因此,本节通过分析试验数据,从细沟边界变化情况入手,揭示侵蚀系统内部驱动作用对细沟形态的塑造过程,阐明细沟侵蚀产沙内部驱动机制及主要控制因子。

4.3.1　溯源侵蚀与沟头前进

溯源侵蚀是发生在细沟沟头部位的侵蚀产沙过程。在溯源侵蚀作用下,沟头前进和多条细沟的连通是坡面细沟长度增加的主要方式。本书采用降雨前坡面细沟累积长度与降雨后坡面细沟累积长度之差,作为沟头前进的变化量,对溯源侵蚀作用进行定量研究。

通过对比 66 mm/h、94 mm/h、127 mm/h 雨强下的坡面细沟累积长度(见表 4-1、图 4-5(a)),表明降雨强度对细沟长度的影响明显,细沟累积长度的变化在三种降雨强度下表现出不同的分异规律,长度值分别变化于 0.5 ~5.3 m、1.3 ~9.8 m、1.2 ~9.0 m。细沟累积长度在各雨强下皆随降雨场次的增加而增加,但增加的幅度逐渐变小,表明细沟网发展在侵蚀初期较为活跃,此时坡面侵蚀方式以溯源侵蚀为主。随着细沟网络的继续演变,在集中股流的冲刷作用下,沟壁崩塌和沟底下切不断加剧,但由于细沟径流能量是一定的,此时溯源侵蚀逐渐减弱,细沟长度的变化减弱,深度和宽度变化增加。从整体变化情况看,94 mm/h 雨强下细沟累积长度最大,且增加幅度最大,127 mm/h 雨强次之,66 mm/h 雨强下的细沟累积长度最小,且增长幅度最小。这说明在雨强适中的情况下溯源侵蚀最强烈,此时细沟沟头前进最活跃;当降雨强度过大时,细沟网发育达到稳定的时间较短,导致细沟累积长度的增加幅度减小;当降雨强度过小时,细沟径流能量较小,随着细沟沟网的发育,细沟内径流含沙量增加,水流剪切作用加大,径流能量消耗于侧蚀和下切侵蚀,溯源侵蚀减弱。

表 4-1　细沟形态特征指标的变化

降雨强度(mm/h)	降雨时间(min)	细沟累积长度(m)	细沟平均宽度(cm)	细沟平均深度(cm)
66	12	0.571	4.747	2.812
	16	1.234	5.851	4.484
	24	2.863	6.415	5.465
	29	3.176	6.887	6.531
	45	4.413	7.886	7.719
	52	4.942	8.259	9.225
	58	5.272	8.685	9.516
94	16	1.371	3.330	3.795
	24	2.747	5.806	4.987
	29	3.935	6.415	5.365
	34	5.712	8.292	5.296
	39	7.493	8.648	6.719
	45	8.742	9.766	7.285
	52	9.733	10.477	9.242
127	14	1.232	3.472	3.695
	28	2.451	6.902	5.964
	38	3.724	8.658	6.513
	48	5.865	10.607	7.568
	58	7.829	11.510	8.724
	68	8.266	12.027	9.751
	78	8.998	12.616	11.130

4.3.2　重力侵蚀与沟壁坍塌

沟壁坍塌是发生在沟壁部位的侵蚀产沙过程，在重力侵蚀作用下，沟壁坍塌和相邻细沟的合并是细沟加宽的主要方式。本书采用降雨前坡面细沟平均宽度与降雨后坡面细沟平均宽度之差，作为沟壁坍塌的变化量，对重力侵蚀作用进行定量研究。

根据表 4-1、图 4-5(b)的统计结果，66 mm/h、94 mm/h、127 mm/h 三种雨强下，各次降雨后，细沟平均宽度分别变化于 4.7 ~ 8.7 cm、3.3 ~ 10.5 cm、3.4 ~ 12.7 cm。通过对三种雨强下细沟边界的塑造过程对比发现，降雨强度对细沟宽度的影响不明显，除 66 mm/h 雨强下细沟宽度增长较为平缓，94 mm/h 和 127 mm/h 雨强下细沟宽度的增长趋势基本一致。随着降雨历时的增加，细沟平均宽度也随之增加，但增加的幅度逐渐减小。

上述分析表明，细沟边界的重力侵蚀受降雨强度的影响较小，而受降雨历时的影响较大，在不同降雨强度的作用下，沟壁崩塌的速率变化不大，但在不同的降雨历时下，细沟宽度变化表现出明显的分异规律。分析其原因，细沟的展宽受径流侧蚀作用的影响较小，其主要影响因素是在重力侵蚀作用下沟壁的坍塌，重力侵蚀作用受降雨强度的影响较小，而与降雨入渗、土体含水量关系密切，因此细沟沟壁崩塌现象在不同降雨强度下变化不明显，而在不同的降雨历时下表现出明显的分异性。细沟沟网发育的中前期，在水流的淘刷作用下，沟壁坍塌强烈，导致细沟展宽迅速，当细沟沟网发展到后期，在重力侵蚀作用下，沟壁逐渐形成相对稳定的休止角，细沟断面形态相对固定，沟壁坍塌的发生相对减少，因此细沟宽度的增加幅度逐渐减小。

4.3.3　径流剪切分散与沟底下切

沟底下切是发生在沟床底部的侵蚀产沙过程，在径流剪切分散作用下，细沟加深的主要方式为沟底下切和下切沟头的再次溯源侵蚀。本书采用降雨前坡面细沟平均深度与降雨后坡面细沟平均深度之差作为沟底下切的变化量，对径流的剪切分散作用进行定量研究。

根据表 4-1、图 4-5(c)的统计结果，66 mm/h、94 mm/h、127 mm/h 三种雨强下，各次降雨后，细沟平均深度分别变化于 2.8 ~ 9.6 cm、3.7 ~ 9.3 cm、3.6 ~ 11.2 cm。通过对三种降雨强度变化过程的对比发现，细沟深度的变化对降雨强度表现出较强的分异规律，随降雨强度的增加，细沟深度增加，同一降雨历时下，127 mm/h 雨强下细沟平均深度最大，94 mm/h 雨强次之，66 mm/h 雨强下细沟平均深度最小。三种雨强下细沟深度的增长趋势略有差异，随着降雨历时的增加，66 mm/h 和 94 mm/h 雨强下细沟平均深度增加幅度逐渐增大，127 mm/h 雨强下细沟平均深度基本呈线性增加。分析其原因，一方面，降雨强度的增加，导致细沟径流剪切力增大，侵蚀作用随之增加；另一方面，细沟内的水流为水沙二相流，侵蚀作用的增大使细沟内水流含沙量增加，而含沙量的变化会影响坡面流水动力学参数，从而间接影响坡面径流能量消耗。因此，不同水沙搭配关系下，径流能量对比关系不断发生变化，细沟水流表现出不同的剪切分散作用，沟底下切随降雨强度、降雨历时表现出不同的变化趋势。

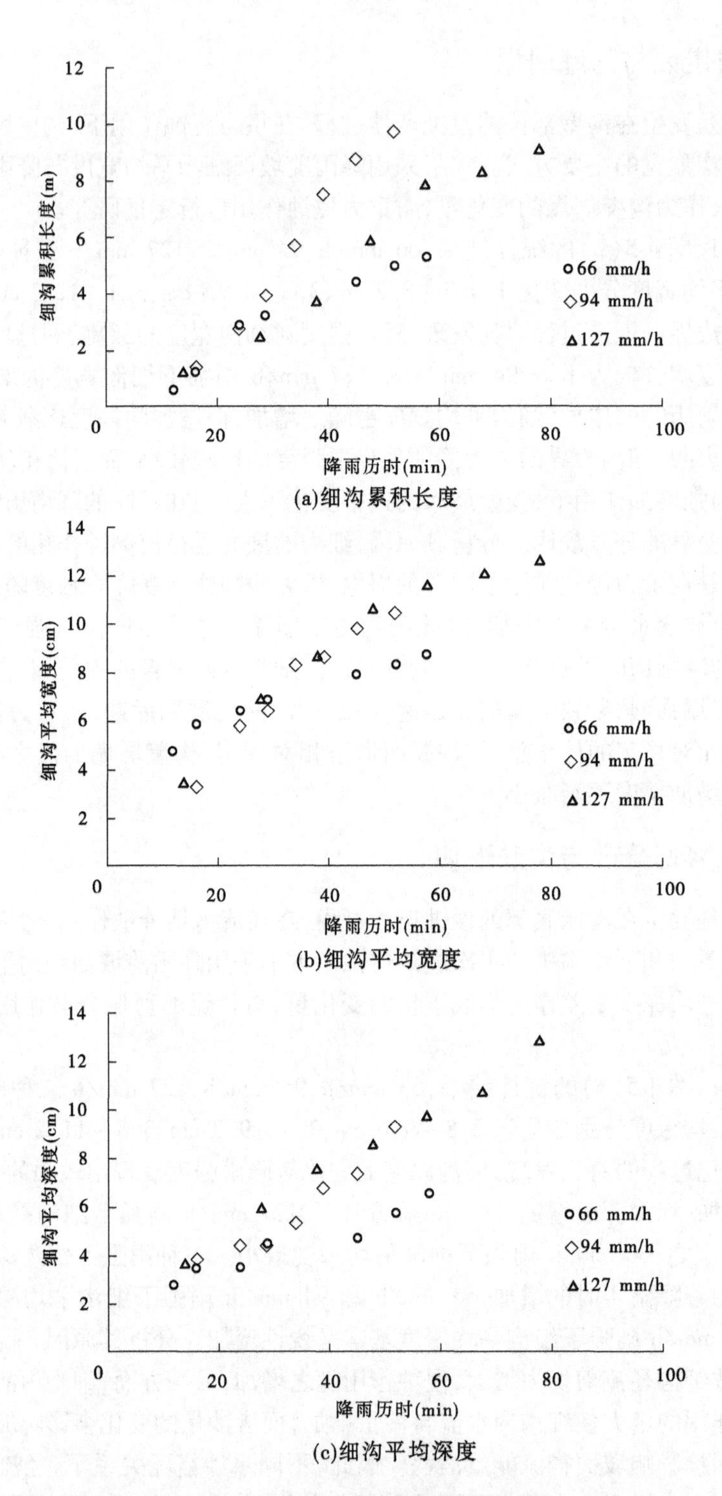

(a)细沟累积长度

(b)细沟平均宽度

(c)细沟平均深度

图 4-5　细沟边界随降雨历时的变化

4.4　降雨对细沟形态演变过程的影响

细沟侵蚀是一个以降雨为主要驱动力,多因素共同影响的过程,降雨强度、降雨量、降雨历时直接影响细沟形态发育。一般在降雨量相同的情况下,降雨强度越大,则细沟侵蚀量越大,细沟宽度和深度也越大。本节以影响细沟侵蚀的降雨(降雨强度和降雨历时)为切入点,提取同一坡面不同降雨历时下的细沟形态图,依据量化参数的实现方法对其分形维数、地貌信息熵、分叉比、合并结点数等进行计算,分析同一雨强下各形态参数随降雨历时的动态变化过程,揭示细沟形态随降雨历时的变化;分析不同雨强同一降雨历时下各形态参数的差异,揭示降雨强度对细沟发育过程的影响。

4.4.1　细沟形态随降雨历时的变化过程

4.4.1.1　分形维数随降雨历时的变化

分形维数用盒维数表示,盒子尺寸的变化范围为:220 × 220,200 × 200,180 × 180,160 × 160,140 × 140,120 × 120,100 × 100,90 × 90,80 × 80,70 × 70,60 × 60,50 × 50,40 × 40,30 × 30,20 × 20,10 × 10,8 × 8,6 × 6,4 × 4,2 × 2。盒子尺寸和非空盒子数的对数呈线性关系,可表示为:$\ln N(r) = a\ln r + b$,线性回归系数 a 即为所求的分形维数。

94 mm/h 雨强下细沟沟网分形维数的双对数拟合结果见表 4-2,在无标度区间内,细沟网络具有尺度不变性的特征,说明细沟网络具有明显的分形特征。根据拟合方程,线性回归系数 $R^2 > 0.995$,分形维数的变化范围为 1.1 ~ 1.3,这反映了细沟网络对空间的填充程度。

表 4-2　94 mm/h 雨强下分形维数计算

降雨时间(min)	分形维数	拟合方程	R^2
16	1.161	$y = -1.1613x + 10.13$	0.999
24	1.170	$y = -1.1701x + 10.367$	
29	1.186	$y = -1.186x + 10.638$	
34	1.186	$y = -1.1858x + 10.686$	
39	1.207	$y = -1.2074x + 10.88$	
45	1.211	$y = -1.2105x + 10.949$	
52	1.223	$y = -1.223x + 11.182$	

图 4-6 为 94 mm/h 雨强下分形维数的变化过程。由图 4-6 可以看出,最初细沟分形维数随降雨时间的增加迅速增大,当降雨持续到 30 min 时,分形维数达到 1.19。之后随着降雨的持续,分形维数继续增加但增速变缓,最大值达到 1.22。这一变化过程与细沟形态的演变息息相关。通过试验观察,坡面地形在降雨驱动下的形态发育过程为跌坎—连续跌坎—断续细沟—连续沟网,当集中股流增大到足以冲动土块时,坡面上跌坎形成,细沟发育开始。降雨持续约 14 min 后,沿坡面形成小的细沟和连续跌坎,这标志着最初

沟网的形成。之后,随着沟头前进和边壁坍塌,细沟侵蚀逐渐向上溯源,形成断续细沟。随后,在集中股流的作用下,断续细沟相互贯通,最终形成连续细沟网络。细沟网络结构由简单到复杂的变化过程表现为分形维数的快速增大。当降雨历时超过 20 min,沟床结构逐渐趋于稳定,但沟床侧壁坍塌和沟床下切仍在继续,细沟扩宽变深但复杂程度变化较小,这个变化过程表现为分形维数的增长速度减缓。引起这一现象的原因可能有两方面:一方面,当流速增大到一定程度,沿坡面纵向流动的惯性力增加,因此相对于小流速坡面径流,流路更加顺畅,细沟中的细小分支减少,这导致侵蚀地形在平面上呈现出相对简单的图形;另一方面,较大的流速对现有细沟的影响主要是加深和展宽,而在二维细沟形态的分形描述中,细沟的宽度和深度信息是被丢弃的,从而导致了分形维数的变化和侵蚀发展变化不一致。这一结果与薛海(2008)取得的结果相一致,薛海的研究结果表明,随着流速的增加,细沟有从简单到复杂的变化趋势,但当流速增大到一定程度时,坡面地形开始逐渐趋于简单。因此,分形维数的变化可以反映细沟网络的复杂性,但它不能够充分反映土壤侵蚀的动态变化过程。

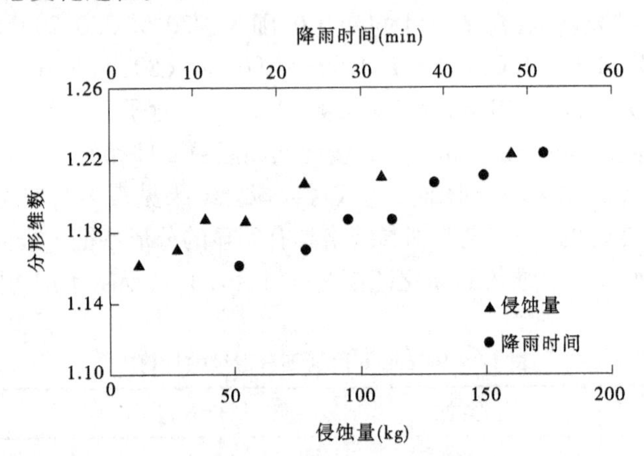

图 4-6　94 mm/h 雨强下分形维数变化过程

4.4.1.2　坡面地貌信息熵随降雨历时的变化

表 4-3 为 94 mm/h 雨强下不同降雨时间的 Strahler 曲线方程、Strahler 曲线积分值(S)和地貌信息熵值(H)。本研究采用三次多项式方程来拟合高程点,取得了较好的拟合效果,相关系数超过 0.999。图 4-7 为坡面地貌信息熵在 94 mm/h 雨强下的变化过程。在细沟演变的过程中,地貌信息熵值随降雨时间的增加而增加。当降雨时间不超过 30 min 时,地貌信息熵值从 0.21 缓慢增加至 0.22;当降雨时间超过 30 min 时,地貌信息熵值从 0.22 迅速增加至 0.26。这一现象说明坡面地形在侵蚀发生的早期发展较慢,而在侵蚀发展到一定程度后迅速发展。

降雨开始初期,坡面侵蚀以溅蚀为主,随着降雨的持续,坡面土壤逐渐饱和,坡面面流开始形成,在面流的冲刷作用下,细小的土壤颗粒被带走,逐渐形成细沟,坡面侵蚀形成了溅蚀—面蚀—细沟侵蚀的转化,而与细沟侵蚀相比,溅蚀和面蚀的侵蚀量相对较小。一旦细沟侵蚀成为主导的侵蚀模式,水土流失会迅速增加,因此土壤侵蚀量的变化是一个加速增加的过程,尤其是降雨时间持续至 30 min 后。

表 4-3　坡面地貌信息熵计算

降雨时间 (min)	Strahler 曲线方程	S	H	R^2
16	$y=0.1358x^3-0.1584x^2-0.9875x+0.9951$	0.483	0.211	
24	$y=0.0832x^3-0.0503x^2-1.0361x+0.995$	0.481	0.213	
29	$y=0.0311x^3+0.0233x^2-1.0818x+1.0049$	0.480	0.215	
34	$y=0.0299x^3+0.0208x^2-1.0727x+0.9901$	0.468	0.227	0.999
39	$y=-0.0058x^3+0.0406x^2-1.0802x+0.9856$	0.458	0.239	
45	$y=0.1043x^3-0.1484x^2-1.0064x+0.9777$	0.451	0.247	
52	$y=0.2586x^3-0.3737x^2-0.9477x+0.9754$	0.442	0.259	

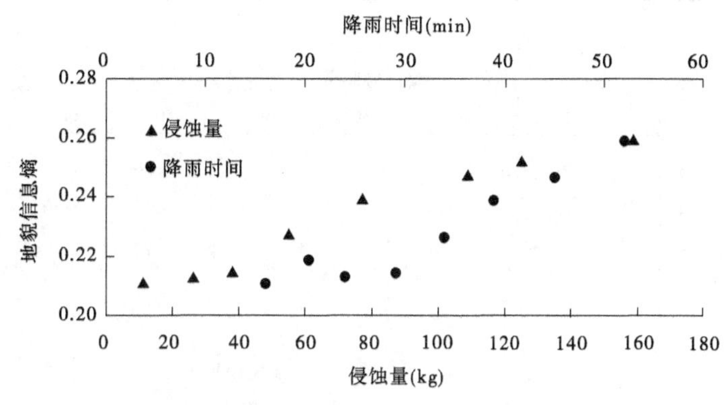

图 4-7　94 mm/h 雨强下地貌信息熵变化过程

4.4.1.3　合并结点数和分叉比随降雨历时的变化

表 4-4 为 94 mm/h 雨强下对细沟沟网的分级，按照斯特拉勒分级法，细沟网络被分为三级，等级越高细沟的数量越少。在分级的基础上可以计算得到分叉比。在表 4-4 中对细沟网络的拓扑特征进行了统计。图 4-8 所示为 94 mm/h 雨强下分叉比随降雨时间的变化过程，随着降雨时间的增加，分叉比大体上呈增加趋势，当降雨持续至 30 min 时，出现的局部最大值为 5.12。

由图 4-8、图 4-9 可以看出，合并结点和分叉比的变化趋势大体相似，在降雨持续至 30 min 左右合并结点有一个较大幅度的增加。这一现象反映了侵蚀早期细沟网络从简单到复杂的发展过程中拓扑参数的增加。当侵蚀持续约 30 min 时，在一条主细沟的周边会出现许多小的分支，这时的分叉比和合并结点会有一个快速增长的过程。随着径流的冲刷，侵蚀进一步发展，细沟沟床扩张使得一些小的分支消失或合并，反映在拓扑参数的变化上则为分叉比和合并结点的减少。产生这一现象的原因与分形维数的变化原因相一致，流速的增加导致流路的蜿蜒程度减小，再加上细沟在侵蚀过程中的拓宽和合并，所有这些因素将导致细沟平面形态趋于简单和拓扑参数的下降。因此，拓扑参数的变化可以反映细沟网络内部结构的变化，但这一参数对侵蚀的动态变化不够敏感。

表 4-4　细沟沟网拓扑特征统计

降雨时间（min）	合并结点数（个）	分叉比	各等级细沟数量		
			Ⅰ	Ⅱ	Ⅲ
16	19	3.78	27	7	1
24	26	4.30	35	8	2
29	38	5.12	50	9	3
34	35	4.35	42	10	2
39	38	4.64	45	9	3
45	42	5.10	47	9	2
52	62	7.17	68	9	2

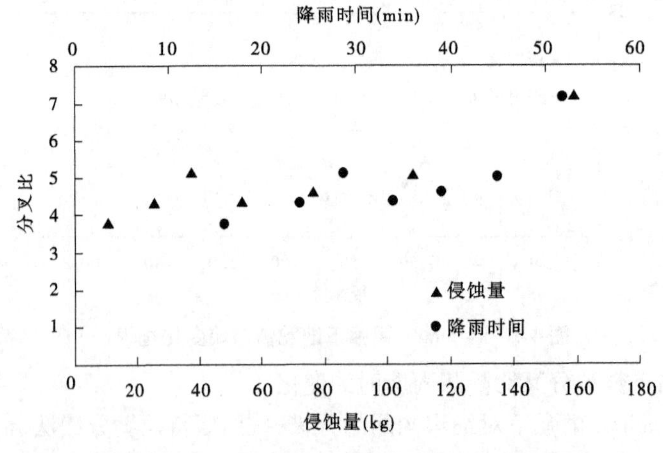

图 4-8　94 mm/h 雨强下细沟分叉比的变化过程

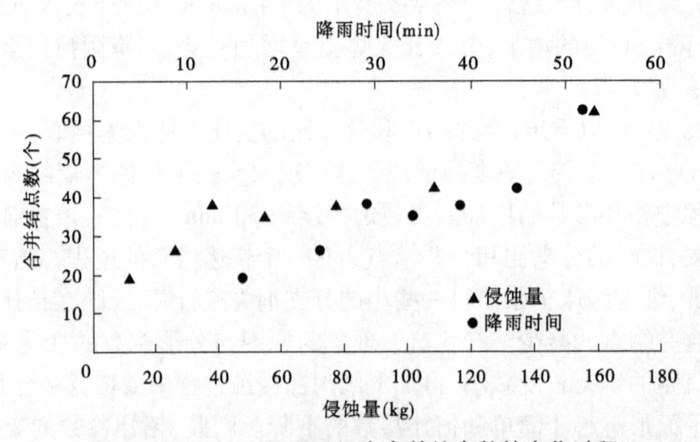

图 4-9　94 mm/h 雨强下细沟合并结点数的变化过程

4.4.2 降雨强度对细沟形态的影响

4.4.2.1 降雨强度对细沟密度的影响

图4-10为66 mm/h、94 mm/h、127 mm/h三种降雨强度下细沟密度随降雨时间的变化。从图4-10中可以看到，细沟密度随着降水量的增加而增加，且增量基本保持稳定。94 mm/h雨强下的细沟密度较66 mm/h和127 mm/h雨强下的细沟密度大，并且随着降雨量的增加，三种雨强下的细沟密度差异增大。例如，在降雨至16 min时，94 mm/h雨强下细沟密度是127 mm/h雨强下的1.3倍，而在降雨持续至52 min时，这一数字增至2倍。这一结果表明，降雨强度对细沟密度有着重要影响；降雨强度太强或太弱都不利于细沟发育。太弱的雨强导致侵蚀强度相对较弱，不利于细沟的形成。强烈的降雨导致土壤侵蚀强度较高，但在这一过程中细沟的演变以细沟侧壁的土块坍塌和相邻细沟间的袭夺为主，细沟发育倾向于展宽而非沟网扩张。当雨强适中时，细沟网络的发展最为活跃，此时溯源侵蚀起主导作用，细沟流路逐渐延长，在溯源侵蚀的作用下，断续沟网逐渐连接起来，导致细沟密度快速增长。这一结果与沈海鸥等(2015)的研究结果相似，其研究发现细沟密度随雨强的增大而增加，而100 mm/h的雨强更有利于细沟密度的发展。

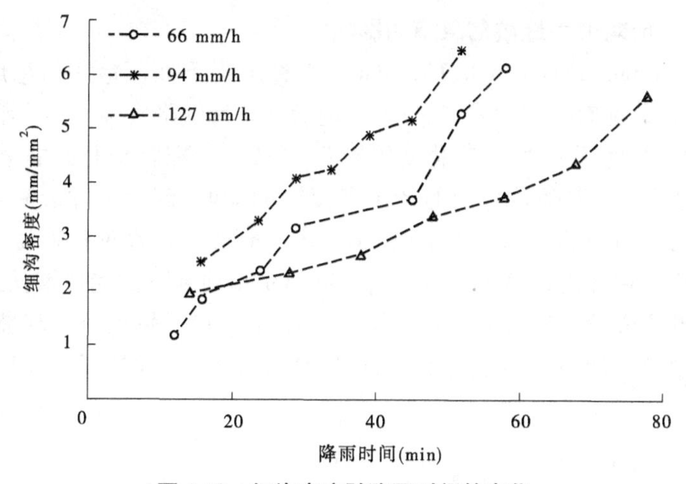

图4-10　细沟密度随降雨时间的变化

4.4.2.2 降雨强度对分形维数的影响

图4-11所示为66 mm/h、94 mm/h、127 mm/h三种降雨强度下分形维数在连续7场降雨中的变化过程。在侵蚀过程中分形维数随时间的增加大体呈增大趋势，变化范围为1.1～1.3，然而，个别点的细沟网络分维值保持稳定或略有减小。不同雨强下的分形维数变化趋势有所不同，66 mm/h雨强下，分形维数在侵蚀初始阶段增长较快，而当降雨持续至20～40 min时，增长趋势放缓。在94 mm/h雨强下，分形维数在初始阶段增加速度较缓，当降雨超过25 min时增长迅速，这说明此时的细沟平面形态较初始降雨时变化较快。在127 mm/h雨强下，细沟网络分形维数的增加趋势普遍较缓，这说明在整个降雨过程中细沟网络的平面形态发育较慢。对比不同雨强下的分形维数值，当降雨持续至16 min时，94 mm/h雨强下的值较127 mm/h雨强下的值减小0.03，而当降雨持续至52 min时，94

mm/h 雨强下的值较 127 mm/h 雨强下的值增大 0.02。由此可以看出，中等强度的降雨更适合细沟网络的形成和发育，过大或过小的雨强都不利于细沟网络的发展，产生这一现象的原因和上面提到的细沟密度变化的原因相同。

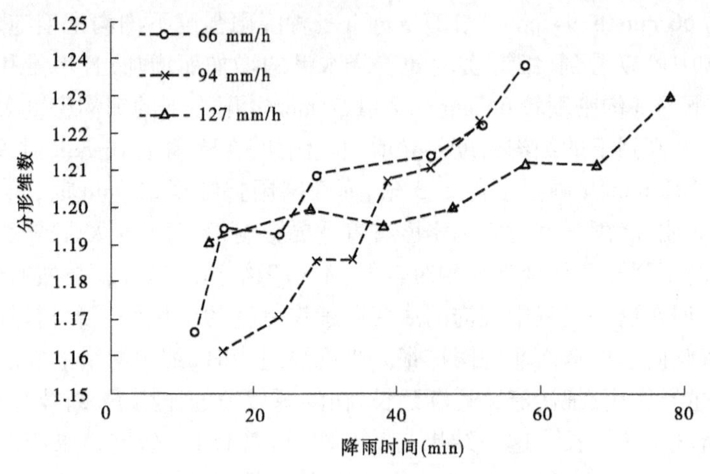

图 4-11　细沟分形维数随降雨时间的变化

4.4.2.3　降雨强度对坡面地貌信息熵的影响

图 4-12 为 66 mm/h、94 mm/h、127 mm/h 三种雨强下坡面地貌信息熵的变化过程。从总体变化趋势看，在整个侵蚀发展过程中，地貌信息熵随降雨强度和降雨时间的增加而增加，并且增加的幅度逐渐增大，变化范围在 0.2～0.3。在降雨开始的早期阶段地貌信息熵的增长趋势较缓，但随着降雨的持续和侵蚀的加剧，到侵蚀发展后期（30～40 min 后）熵值增长迅速。在相同的降雨时间下，127 mm/h 雨强下的熵值最大，而 66 mm/h 雨强下的熵值最小。在降雨持续至 30 min 后，94 mm/h 雨强下的熵值增长最快，这一时间与侵蚀量开始迅速增长的时间相一致。由此可见，地貌信息熵值可反映坡面侵蚀强弱的动态变化，在侵蚀发展后期细沟网络发育活跃，侵蚀加剧，这导致了坡面地貌信息熵的快速增长。

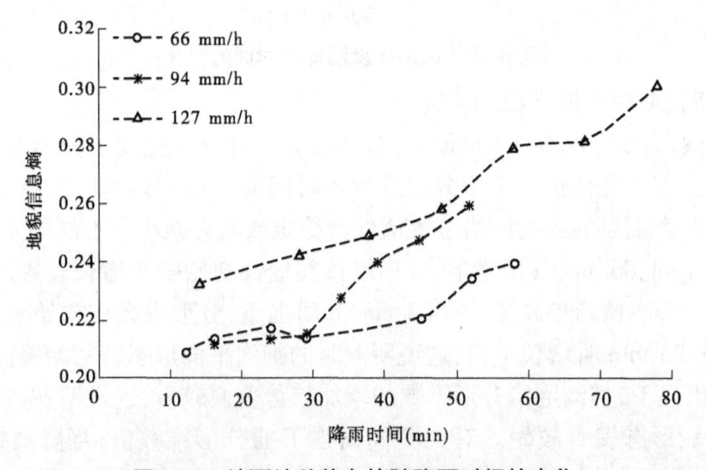

图 4-12　坡面地貌信息熵随降雨时间的变化

4.4.2.4 降雨强度对拓扑参数的影响

图4-13为66 mm/h、94 mm/h、127 mm/h三种雨强下细沟合并结点数的统计结果。合并结点数随降雨的持续大体呈增加趋势，此外，在相同降雨时间下，细沟合并结点数在高降雨强度下小于在低或中等强度下的值。这表明，细沟网络在低或中等降雨强度下比在高降雨强度下的结构更为复杂。

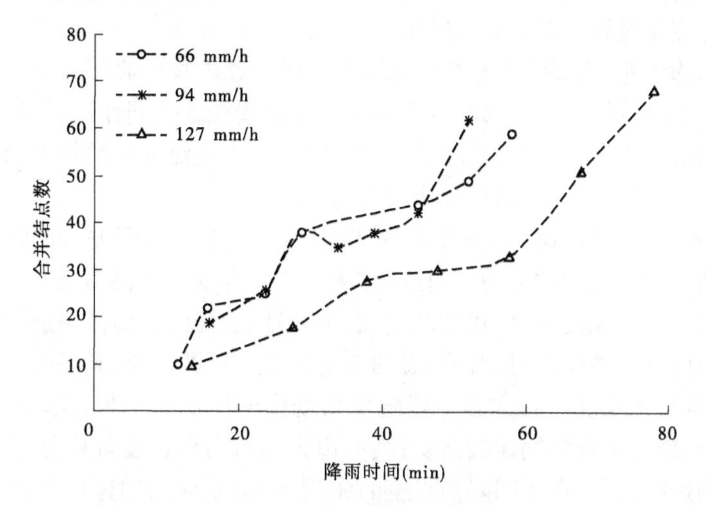

图4-13 细沟网络合并结点数随降雨时间的变化

图4-14为66 mm/h、94 mm/h、127 mm/h三种雨强下细沟网络分叉比的统计结果。分叉比随降雨量的增加呈波动趋势，细沟分叉比和降雨量、降雨强度三者之间没有明显的相关关系。合并结点和分叉比是细沟网络拓扑特征的代表参数，这一结果表明，降雨强度对土壤侵蚀过程的影响可以在细沟网络合并结点数的变化上体现出来，但是细沟分叉比对降雨量和降雨强度不敏感。

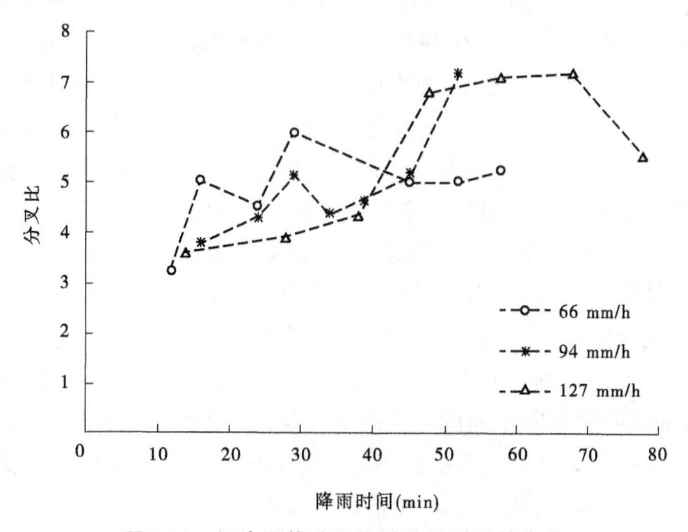

图4-14 细沟网络分叉比随降雨时间的变化

4.5　小　结

采用室内模拟降雨和三维地形扫描等手段,对降雨驱动下细沟形态时空演变规律进行了研究。试验分析了黄土在不同雨强(66 mm/h、94 mm/h、127mm/h)条件下,细沟形态参数的时空变化过程。取得如下结果:

(1)通过试验观测发现,黄土坡面跌坎的出现位置通常在坡面的中下部,随着降雨的持续,跌坎逐渐发育成下切沟头,在溯源侵蚀与重力侵蚀的共同作用下,沟头前进、沟床下切、沟壁坍塌,细沟逐渐扩张并形成断续沟网,随着沟内径流冲刷的加剧,断续沟网间的分水岭逐渐被侵蚀,最终相互贯通形成连续细沟网络。

(2)通过跟踪模拟降雨条件下细沟演变的全过程,监测坡面泥沙冲淤动态分布,将细沟边界条件的剧烈变化归纳为沟头前进、沟床下切和沟壁坍塌,从对比降雨前后细沟累积长度、平均宽度、平均深度入手,对溯源侵蚀、重力侵蚀、径流剪切作用进行了定量研究,揭示了侵蚀系统内部驱动作用对细沟形态的塑造过程。结果表明,降雨强度对细沟长度的影响明显,细沟累积长度在各雨强下皆随降雨场次的增加而增加,但增加的幅度逐渐减小,表明细沟网络在发育初期比较活跃;细沟边界的重力侵蚀受降雨强度的影响较小,而受降雨历时的影响较大,在不同降雨强度的作用下,沟壁崩塌的速率变化不大,但在不同的降雨历时下,细沟宽度变化表现出明显的分异规律;细沟深度的变化对降雨强度表现出较强的分异规律,随降雨强度的增加,细沟深度增加,但不同雨强下细沟深度的增长趋势略有差异。

(3)通过对比同一雨强、不同降雨历时下细沟形态的差异,从分形特征、拓扑特征、几何特征、熵等方面,定量揭示了细沟形态随降雨历时的变化规律。94 mm/h 雨强下,最初细沟分形维数随降雨时间的增加迅速增大,当降雨持续到 30 min,分形维数达到 1.19,之后,随着降雨的持续,分形维数继续增加但增速变缓,最大值达到 1.22;当降雨时间不超过 30 min 时,地貌信息熵值从 0.21 缓慢增加至 0.22,当降雨时间超过 30 min 后,地貌信息熵值从 0.22 迅速增加至 0.26;随着降雨时间的增加,分叉比大体上呈增加趋势,当降雨持续至 30 min 时,出现的局部最大值为 5.12。分叉比和合并结点的变化趋势大体相似,在降雨持续至 30 min 左右合并结点有一个较大幅度的增加。这一现象反映了侵蚀早期细沟网络从简单到复杂的发展过程中拓扑参数的增加。

(4)通过对比三种雨强下同一降雨历时的细沟形态差异,揭示了细沟形态随降雨强度的变化规律。结果表明,降雨强度对细沟密度及分形维数有着重要影响,降雨强度太强或太弱都不利于细沟发育,当雨强适中时,细沟网络的发展较活跃,此时溯源侵蚀起主导作用,细沟流路逐渐延长,细沟密度及分形维数增长迅速;地貌信息熵随降雨强度的增加而增加,并且增加的幅度随降雨时间逐渐增大,其变化趋势与坡面侵蚀的发展相对应,可反映坡面侵蚀强弱的动态变化;细沟合并结点数在高降雨强度下小于在低或中等强度下的值,这表明,细沟网络在低或中等雨强下比在高降雨强度下的结构更为复杂,降雨强度对土壤侵蚀过程的影响可以在细沟网络合并结点数的变化上体现出来;细沟分叉比和降雨量、降雨强度三者之间没有明显的相关关系,对降雨量和降雨强度不敏感。

第 5 章　坡面水沙过程与细沟形态的互馈关系

在坡面侵蚀过程中,伴随细沟的形成和发育,坡面水力学特性发生改变,坡面水沙关系也会随之发生变化。细沟的形成不仅为径流输沙提供了输送通道,而且随着坡面水流由面流向股流转变,水流的性质也会随之变化,进而引起侵蚀的加剧,这一系列作用过程必将影响坡面水沙关系。另外,在细沟形态演变过程中,细沟分叉、分级、密度、频度、数目以及长度等方面的变化会影响沟内水流结构,从而对径流、入渗、泥沙输移和汇流等过程产生影响,尤其对于黄土这种黏粒含量较低的土壤,在侵蚀过程中极易发生边壁坍塌,从而使水沙关系发生显著变化。因此,坡面细沟形态是坡面侵蚀动力学各要素间相互作用的产物,其形成与发展是水—土界面各作用力对比关系的综合反映,这一地貌因素的变化将对坡面产汇流、产输沙过程产生深刻影响。

目前,国内外研究多关注于侵蚀动力学过程对细沟发育的影响,在降雨、坡度、土壤等因素对细沟发育过程的影响方面取得了丰富的研究成果,而缺乏细沟形态演变对坡面水沙过程的影响方面的研究。已有研究成果中,雷廷武(2000)、和继军(2014)、沈海鸥(2015)等在细沟形态与坡面水沙关系方面做过相关试验研究,但受试验条件的限制和土壤性质的影响,研究结果差异较大。基于此,本次研究采用一次侵蚀多次降雨的方法,分析细沟形成与发育过程对坡面产流产沙及流速分布的影响,探讨细沟形态演变与坡面产汇流、产输沙间的互反馈作用。

5.1　细沟形态对坡面水沙过程的影响

5.1.1　坡面侵蚀方式对产沙过程的影响

在不同的细沟发育阶段,坡面侵蚀方式也在发生相应的转变,总体来讲,在细沟发育的初期阶段,细沟沟网展开迅速,溯源侵蚀起主导作用;在细沟发育的中期阶段,细沟宽度扩展相对较快,重力侵蚀相对活跃;在细沟发育的后期阶段,细沟沟网相对稳定,径流含沙量相对较高,剪切力增加,沟底下切明显,此时径流剪切起主导作用。伴随不同发育阶段细沟侵蚀方式的转变,坡面产沙过程也在发生相应的变化。

坡面累积产沙量、土壤侵蚀率与降雨强度存在着明显的对应关系,且土壤侵蚀率在侵蚀初期大体随降雨时间的增加而增大,在降雨持续几十分钟后,会达到一个相对稳定的阶段,这一现象与细沟累积长度和细沟平均宽度的变化趋势相一致。坡面土壤侵蚀的初期阶段,是细沟网络发育较活跃的阶段,此时在溯源侵蚀的主导下,土壤侵蚀速率增加较平稳;坡面土壤侵蚀的中期阶段,是细沟网络发育和细沟沟壁崩塌较活跃的阶段,此时的溯源侵蚀、重力侵蚀和径流剪切作用都较为活跃,因此这一阶段是土壤侵蚀速率增加最快的阶段;坡面土壤侵蚀的后期阶段,细沟网络发育已基本成熟,细沟沟壁也相对稳定,此时是细沟沟底下切较活跃的阶段,此时坡面径流流路相对固定,坡面漫流转变为集中股流,径流剪切作用增强,水流含沙量增加,细沟水沙二相流含沙量的变化对径流能量消耗的对比关系,导致这一阶段土壤侵蚀速率在一个相对稳定的区间持续震荡。

由以上分析可见,产沙过程对坡面侵蚀方式有着明显的响应关系,溯源侵蚀是细沟发育过程中最为活跃的产沙因素,在细沟发育早期提供了绝大多数的产沙;沟壁崩塌、径流剪切是细沟发育中期较活跃的因素,直接导致中期土壤侵蚀率的快速增加;径流剪切分散作用是细沟发育后期较活跃的因素,其与含沙量对比关系的变化导致了土壤侵蚀速率的持续震荡。

5.1.2　细沟形态对产流过程的影响

为揭示细沟形态对产流过程的影响,对比了三种雨强(66 mm/h、94 mm/h、127 mm/h)下进行的间歇性降雨的产流过程(见图 5-1)。

在 66 mm/h 雨强下共进行了 5 场间歇性降雨,第 1 场降雨处于坡面产流初始阶段,坡面产流量(径流量)首先经历了一个逐渐增大的过程,在产流开始 7 min 后达到相对稳定,产流量约为 13 L/min;在第 2 场降雨过程中,由于此时土壤含水量较高,且有结皮形成,减小了地表粗糙度,导致土壤入渗率降低,整个产流过程较稳定,产流量依然维持在 13 L/min;在第 3 场降雨过程中,降雨击溅和水流冲刷作用破坏了土壤结皮,此时细沟发育较活跃,细沟的发育增加了土体的表面积,坡面阻力增加,下渗作用增强,坡面产流量明显下降,平均产流量约为 9 L/min;在之后的第 4、5 场降雨过程中,细沟的发育加剧了水流与土体间的互反馈作用,产流量在这一阶段出现明显波动。在 94 mm/h 雨强下共进行了 4 场间歇性降雨,产流过程总体较为稳定,在细沟发育较活跃的第 2、3 场降雨过程中,伴随着细沟发育,产流量发生波动,但总体变化幅度在 10 ~ 15 L/min。在 127 mm/h 雨强下共进行了 3 场间歇性降雨,由于此时雨强较大,土壤不易形成结皮,在第 1 场降雨过程中,产流量同样先经历了一个逐渐增大的过程,此时的产流属于超渗产流,在之后进行的第 2、3 场降雨中,随着土壤含水量的增加,产流量增大,平均产流量约为 15 L/min,这一时期伴随着细沟的发育,土体的不稳定性加剧,坡面阻力、下渗不断变化,此时坡面产流过程波动明显。

通过对不同雨强下坡面产流过程分析可见,在降雨的初始阶段,坡面产流量会有一个逐渐增大的过程,在降雨进行到中期阶段,伴随着细沟发育,坡面产流过程会在一定水平上发生明显波动,但总体产流量基本稳定,说明影响坡面产流的主要因素是土体透水性、土壤结皮以及产流方式的改变,而细沟的产生和发育对坡面产流过程的影响有限。

5.1.3　细沟形态对产沙过程的影响

为揭示细沟形态对产沙过程的影响,对比了三种雨强(66 mm/h、94 mm/h、127 mm/h)下进行的间歇性降雨的产沙过程(见图 5-2)。由总体变化趋势可见,降雨强度越大产生的径流含沙量越高,如在 66 mm/h 雨强下径流含沙量为 50 ~ 400 kg/m^3,在 94 mm/h 雨强下为 50 ~ 460 kg/m^3,在 127 mm/h 雨强下为 200 ~ 550 kg/m^3。

在 66 mm/h 雨强下,第 1、2 场降雨时的径流含沙量较小,约为 50 kg/m^3,此时细沟尚

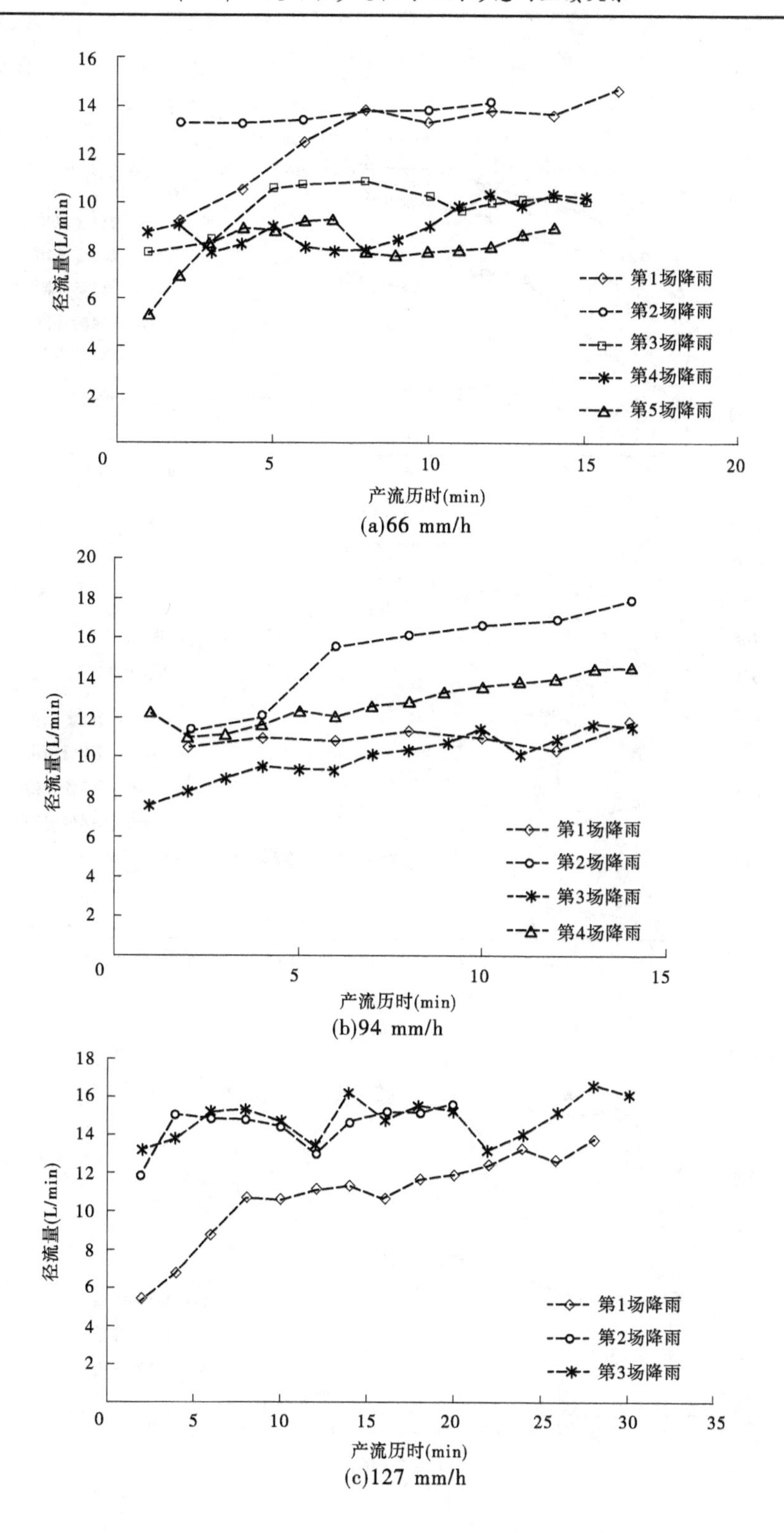

图 5-1　不同雨强下坡面产流过程

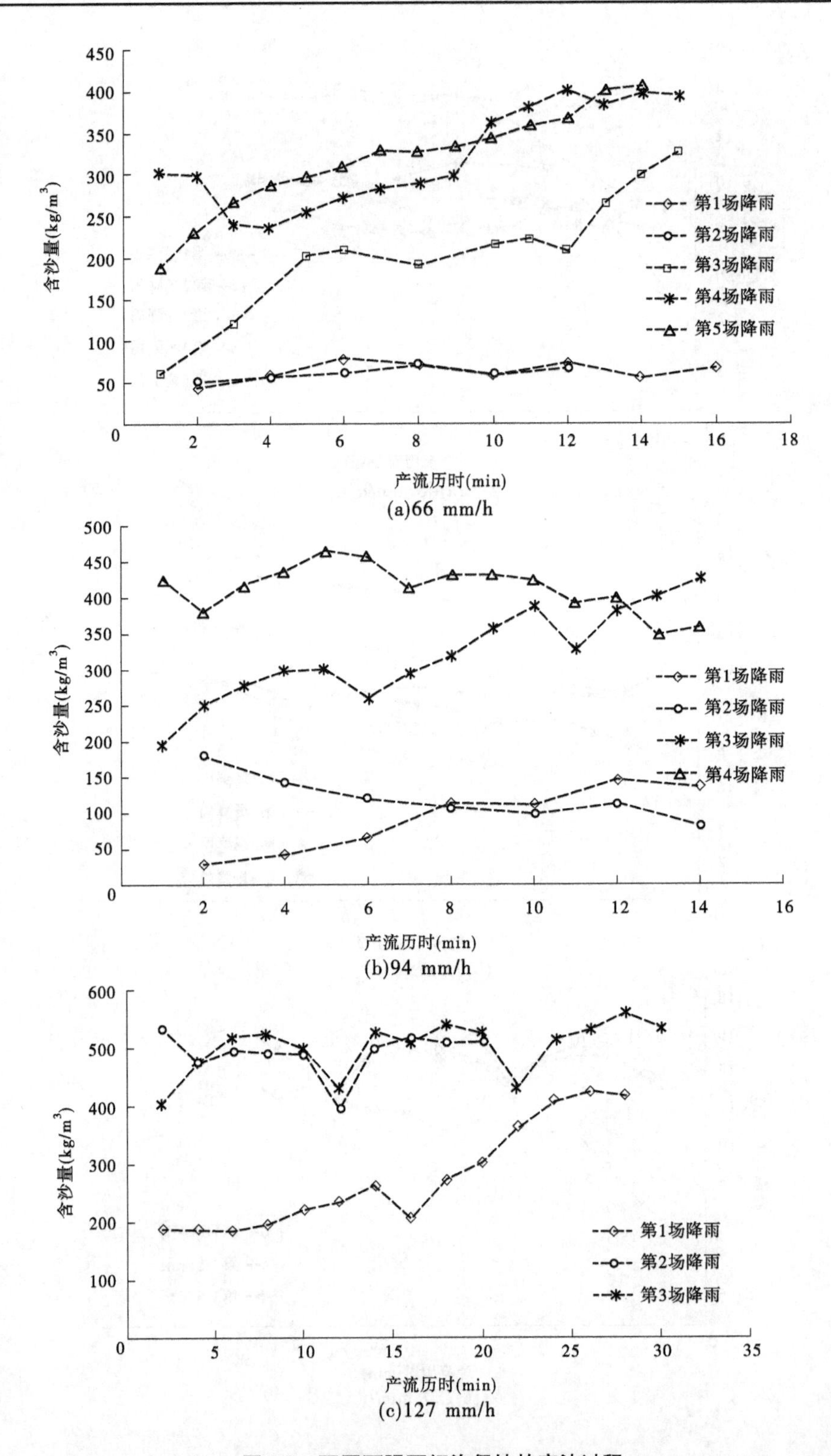

图 5-2　不同雨强下细沟侵蚀的产沙过程

未形成，坡面侵蚀以面蚀为主；自第 3 场降雨开始，细沟逐渐形成，细沟侵蚀活跃，此阶段含沙量增加较快，降雨结束时的含沙量约 300 kg/m^3，且沟壁坍塌、沟头前进在这一阶段频繁发生，导致含沙量有较大幅度波动；在接下来的第 4、5 场降雨过程中，细沟网络逐渐发育成熟，形成了较稳定的泥沙输送通道，此时沟头前进、沟壁坍塌作用减弱，沟底下切作用增强，径流含沙量较高，最高达 400 kg/m^3，且增加平稳。94 mm/h 与 66 mm/h 雨强下坡面产沙的变化趋势大体一致，在细沟尚未形成的第 1、2 场降雨中，径流含沙量较低，约为 100 kg/m^3；在细沟发育较为活跃的第 3 场降雨中，含沙量波动增加，最高达到 400 kg/m^3；在细沟发育基本成熟，沟网形态较为稳定的第 4 场降雨中，含沙量相对稳定，在 400 kg/m^3左右波动。在 127 mm/h 雨强下，由于雨强较大，坡面径流含沙量较高，第 1 场降雨后期细沟网络已基本形成，含沙量已逐渐增加至 400 kg/m^3；在之后的两场降雨中，细沟网络发育成熟，细沟输沙通道基本稳定，含沙量在 400～500 kg/m^3振荡。

通过对不同雨强下坡面产沙过程分析可见，在坡面侵蚀中期，随着细沟的形成与发育，径流含沙量总体呈现明显的振荡上升趋势，在这一过程中，一方面在集中股流作用下，径流输沙作用加剧；另一方面，边壁崩塌等偶然事件发生较为频繁，加剧了坡面产沙。在坡面侵蚀后期，随着细沟网络发育逐渐成熟，细沟边壁趋于稳定，崩塌等偶然性事件的发生频率降低，此时径流含沙量在较高水平趋于平稳。通过对不同雨强的分析可知，坡面产沙量直接受雨强大小的影响，大雨强下侵蚀稳定后的径流含沙量较高，小雨强下侵蚀稳定后的径流含沙量较低。综上，坡面产沙受细沟形态变化的影响显著，处于不同侵蚀发育阶段的细沟网络与坡面产沙存在对应关系，坡面径流含沙量在细沟产生之前相对较低，在细沟发育活跃阶段随之振荡上升，在细沟发育稳定阶段趋于相对稳定，而稳定后的径流含沙量大小与雨强成正比。

5.1.4　细沟形态与坡面产沙的关系

由上述分析可知，细沟形态与坡面产沙关系密切，二者之间存在明显的对应关系，细沟的形成和发育会对坡面产沙过程产生直接影响。反映坡面产沙的两个核心指标分别是产沙量和土壤侵蚀速率，为定量研究细沟形态与坡面产沙间的相关程度，对细沟形态参数与坡面产沙量、土壤侵蚀速率进行相关分析。

统计数据采用模拟试验中获取的 66 mm/h、94 mm/h、127 mm/h 雨强下的 21 组坡面产沙量（S_n）、土壤侵蚀速率（S_r）、细沟网络分形维数（D_f）、密度（d）、坡面地貌信息熵（H）、合并结点数（N）和分叉比（R_b）数据，运用 SPSS 软件，依据表 5-1 中的统计参数，利用 Pearson 相关分析法分析形态量化参数与坡面产沙的相关关系。

本次研究采用 Pearson 相关系数来表达两个变量之间的相关程度。其表达式为：

$$R = \frac{N\sum XY - \sum X\sum Y}{\sqrt{N\sum X^2 - (\sum X)^2}\sqrt{N\sum Y^2 - (\sum Y)^2}} \tag{5-1}$$

式中　X、Y——变量；

R——Pearson 相关系数；

N——变化量个数。

表 5-1　参数描述性统计分析

参数	最大值	最小值	平均值	标准差	样本数
S_n	296.1	9.6	90.9	85.164	21
S_r	7.9	1.0	3.8	2.416	21
D_f	1.238	1.161	1.200	0.020	21
H	0.299	0.211	0.238	0.026	21
N	68	10	35	16.157	21
R_b	7.17	3.24	5.09	1.175	21
d	6.40	1.14	3.71	1.477	21

依据模拟试验中获取的66 mm/h、94 mm/h、127 mm/h 雨强下的细沟形态及土壤侵蚀数据，对其进行 Pearson 相关分析，采用的相关系数是 Pearson 相关系数，结果见表 5-2。

表 5-2　土壤侵蚀参数与形态量化参数间的相关系数矩阵

参数	S_n	S_r	D_f	H	N	R_b	d
S_n	1.000	0.880***	0.635**	0.954***	0.694***	0.727***	0.595**
S_r		1.000	0.471*	0.916***	0.475*	0.610**	0.494*
D_f			1.000	0.613**	0.818***	0.594**	0.752***
H				1.000	0.573**	0.627**	0.517*
N					1.000	0.626**	0.923***
R_b						1.000	0.536*
d							1.000

注：显著性：* $p \leqslant 0.05$，** $p \leqslant 0.01$，*** $p \leqslant 0.001$。

由表 5-2 可见，坡面产沙量、土壤侵蚀速率与形态量化参数均为正相关关系，说明细沟形态随着降雨历时不断发展，会导致侵蚀加剧，增加坡面产沙量，坡面产沙量、土壤侵蚀速率随细沟发育程度的加深而增加，针对不同的形态特征参数，坡面产沙的响应程度各不相同。

从坡面产沙量与细沟形态量化参数的关系可以看出，坡面产沙量与细沟网络分形维数、合并结点数和密度的相关系数分别为 0.635、0.694 和 0.595，呈较显著相关；坡面产沙量与细沟网络分叉比的相关系数为 0.727，呈显著相关；坡面产沙量与坡面地貌信息熵的相关系数为 0.954，呈极显著相关。

从土壤侵蚀速率与细沟形态量化参数的关系可以看出，土壤侵蚀速率与细沟网络分形维数、合并结点数、分叉比和密度的相关系数分别为 0.471、0.475、0.610 和 0.494，呈较显著相关；土壤侵蚀速率与坡面地貌信息熵的相关系数为 0.916，呈极显著相关。

以上分析表明，与坡面侵蚀产沙关联性最为密切的形态量化参数为坡面地貌信息熵，关联度的排序依次为：坡面地貌信息熵（H）> 沟网合并分叉比（R_b）> 沟网结点数（N）> 分形维数（D_f）> 细沟密度（d）。以坡面地貌信息熵代表的能量量化参数对坡面侵蚀过程的揭示最为理想，以沟网分叉比和合并结点数为代表的拓扑参数和以分形维数为代表的分形量化参数次之，以细沟密度为代表的传统量化参数与坡面侵蚀产沙关联性最弱。

5.2 不同细沟发育阶段坡面流速变化特征分析

土壤侵蚀是一个水流与土体间相互作用的动力学过程，这一过程可划分为 3 个子过程，即降雨作用下的坡面产流过程、面流对土颗粒的剥离过程和面流的汇聚与泥沙输送过程。坡面径流水动力学特征研究是土壤侵蚀机制研究的基础，径流水动力学特征影响着坡面土壤的剥离、搬运和沉积过程，进而在很大程度上决定了细沟侵蚀形态。水流速度是其他水力要素的基础，在细沟侵蚀过程中，水流速度对细沟的发育发展有很大影响。随着细沟发育阶段的变化，细沟水流在各个阶段的流速也随之改变，因此有必要研究各个细沟发育阶段侵蚀关键部位的对应流速。本节选用径流流速表征坡面径流的水力学特性，将坡面流划分为细沟间坡面流和细沟流分别进行研究，通过分析不同细沟发育阶段细沟间及细沟内水流流速分布特征，探究细沟侵蚀及形态与坡面流速变化特征的关系，进而辨识坡面细沟形态发育的作用机制，为坡面侵蚀预报模型的构建提供理论依据。

5.2.1 细沟间流速变化特征

坡面面蚀阶段细沟间流速实际是指坡面流速，细沟间流速取自各阶段的测量值的平均。试验中水流流速的测量采用染色剂（$KMnO_4$）法进行，即记录水流通过一定长度（0.2 m）的时间，得到流速。试验中，将坡长为 5 m 的坡面由上至下依次划分为 5 个断面，每个断面间距为 1 m，每个断面依次进行循环测量。用染色剂法测得的流速为水流的表面流速，即最大流速，而不是平均流速，根据雷廷武（2009）的研究结果，水流平均流速约为表层最大流速的 0.75 倍，因此本次试验以测得流速乘以 0.75 得到各处水流平均速度。细沟不同发育阶段流速分布见图 5-3。

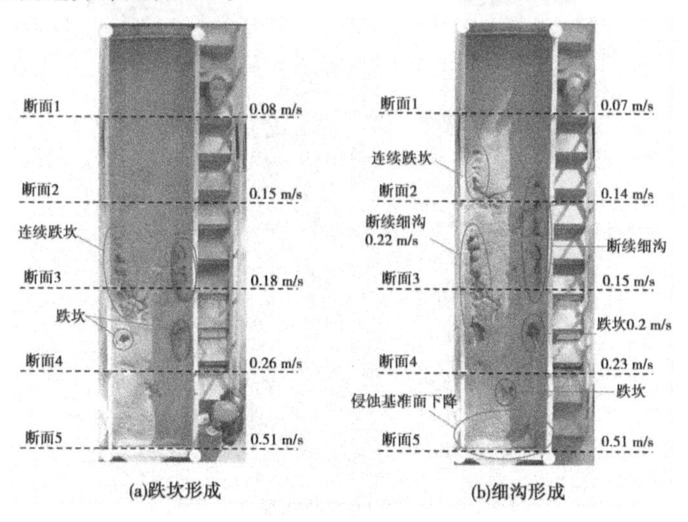

图 5-3 细沟不同发育阶段流速分布

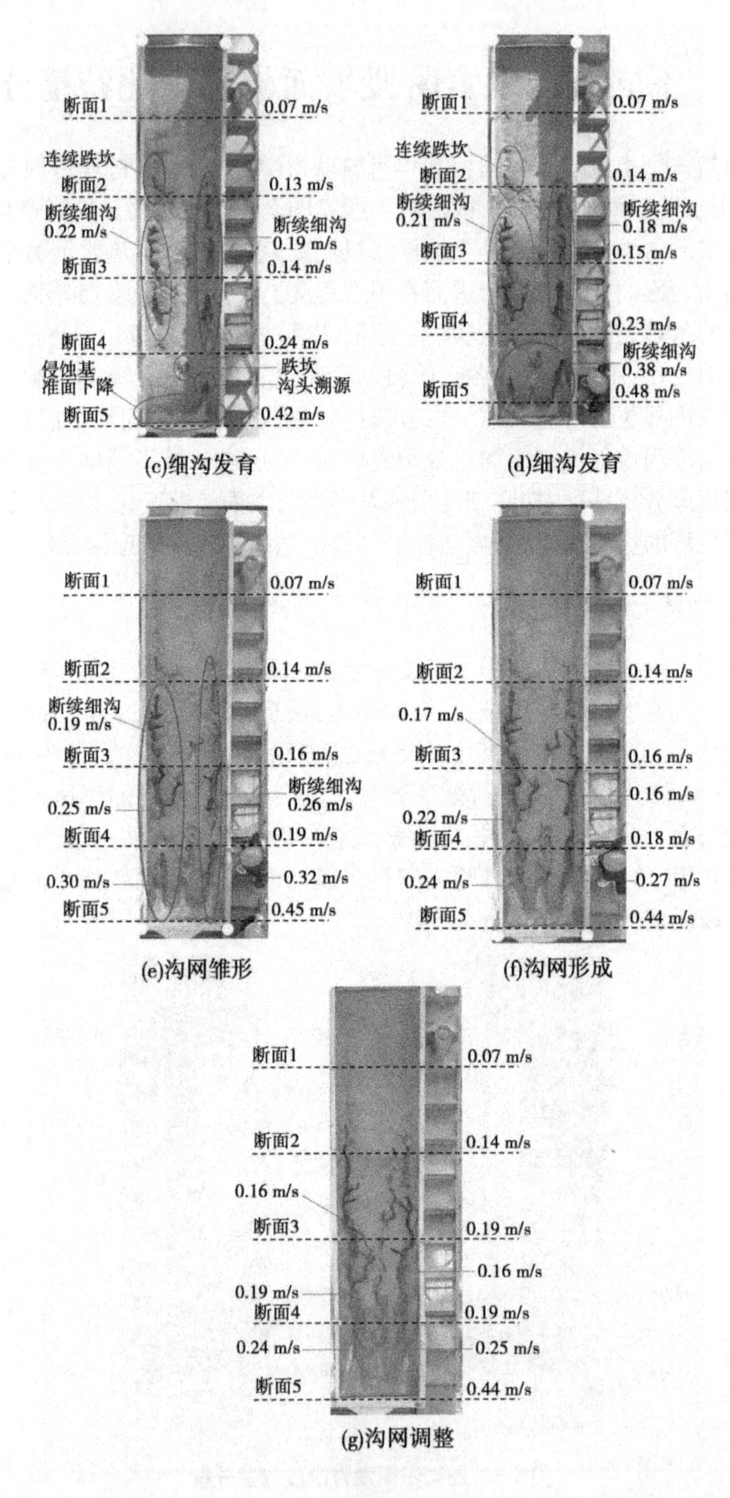
断面1
0.07 m/s
连续跌坎
断面2
0.13 m/s
断续细沟
0.22 m/s
断续细沟
0.19 m/s
断面3
0.14 m/s
断面4
0.24 m/s
侵蚀基
准面下降
跌坎
沟头溯源
断面5
0.42 m/s
(c)细沟发育
断面1
0.07 m/s
连续跌坎
断面2
0.14 m/s
断续细沟
0.21 m/s
断续细沟
0.18 m/s
断面3
0.15 m/s
断面4
0.23 m/s
断续细沟
0.38 m/s
断面5
0.48 m/s
(d)细沟发育
断面1
0.07 m/s
断面2
0.14 m/s
断续细沟
0.19 m/s
断面3
0.16 m/s
断续细沟
0.26 m/s
0.25 m/s
断面4
0.19 m/s
0.30 m/s
0.32 m/s
断面5
0.45 m/s
(e)沟网雏形
断面1
0.07 m/s
断面2
0.14 m/s
0.17 m/s
断面3
0.16 m/s
0.16 m/s
0.22 m/s
断面4
0.18 m/s
0.24 m/s
0.27 m/s
断面5
0.44 m/s
(f)沟网形成
断面1
0.07 m/s
断面2
0.14 m/s
0.16 m/s
断面3
0.19 m/s
0.16 m/s
0.19 m/s
断面4
0.19 m/s
0.24 m/s
0.25 m/s
断面5
0.44 m/s
(g)沟网调整

续图 5-3

从图5-3可以看出，不同细沟发育阶段的细沟间流速变化规律基本一致，坡面上段流速最小为0.07 m/s左右，中段流速略有增加，为0.1～0.2 m/s，坡面下段流速增加迅速，可达0.5 m/s，这是由于坡面上段集雨能力较小，随着坡长的增加，集雨面积增大，集雨能力随之增大，导致汇流能量增加，坡面流速增大。从细沟的发育过程看，跌坎的发生多始于断面2—断面4之间，此时的坡面流速为0.15～0.25 m/s，这说明跌坎的发生需要有一定的坡面流速，尤其在坡面流速达0.2 m/s左右时，最易产生跌坎。

5.2.2　细沟内流速变化特征

从不同细沟发育阶段细沟内流速分布(见图5-3)看，细沟内流速随细沟形态的不同而存在差异。细沟流速随降雨时间的分析表明，在细沟形成和发育阶段(见图5-3(a)～(d))，细沟流速是细沟间流速的1.2～1.5倍，随着细沟发育的进一步加剧，细沟内流速逐渐减小，直至沟网调整阶段(见图5-3(g))，相同位置的细沟内流速普遍低于细沟形成和发育阶段的流速，是细沟间流速的0.7～1.0倍(见图5-4)。分析其原因，在细沟形成和发育阶段，有细沟发育的坡段细沟间径流大部分汇入细沟内，沟内径流集中流速加快，细沟间水层厚度小、阻力大，因而细沟间流速较细沟内慢；在沟网形成和调整的阶段中，坡面细沟密度加大，细沟间面积被形成的细沟网络割裂，汇流面积减小，由于细沟不断地出现沟壁坍塌进而展宽，且细沟内水流流路曲折蜿蜒，沟床阻力增大，因此细沟内流速呈减小趋势。

以上分析表明，细沟侵蚀过程中，坡面土体、细沟沟床和细沟流水力条件之间存在相互影响的作用，是一种互馈关系。一方面，细沟的出现导致细沟流速的增加；另一方面，沟床对细沟流的阻碍作用也在增加，有可能抵消或超越径流集中产生的流速增量。三者相互制约，互为消长，影响着细沟内水流速度。

5.2.3　细沟形态特征与水流速度的关系

通过对细沟形态演变过程中细沟流速分布，发现黄土细沟形态演变过程对坡面流速有较大影响，其与坡面流速的变化有明显的对应关系，说明细沟的形成和发展直接影响坡面水力学特征。

统计数据采用模拟试验中获取的66 mm/h、94 mm/h、127 mm/h雨强下的15组细沟流速平均值(v)、细沟网络分形维数(D_f)、密度(d)、坡面地貌信息熵(H)、合并结点数(N)和分叉比(R_b)数据，运用SPSS软件，依据表5-3中的统计参数，利用Pearson相关分析法分析形态量化参数与坡面流速的相关关系(见表5-4)。

表5-3　参数描述性统计分析

参数	最大值	最小值	平均值	标准差	样本数
v	0.34	0.18	0.25	0.053	15
D_f	1.238	1.186	1.209	0.015	15
H	0.299	0.214	0.245	0.026	15
N	68	25	42.67	12.816	15
R_b	7.17	4.12	5.34	1.004	15
d	6.40	2.31	4.33	1.229	15

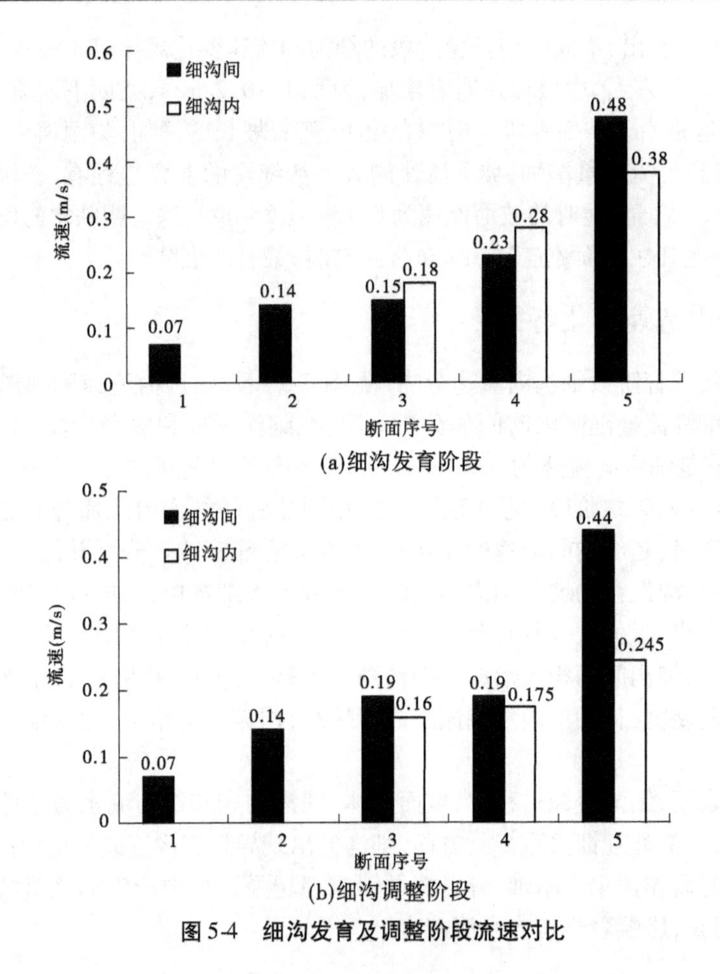

(a)细沟发育阶段

(b)细沟调整阶段

图 5-4　细沟发育及调整阶段流速对比

表 5-4　土壤侵蚀参数与形态量化参数间的相关系数矩阵

参数	v	D_f	H	N	R_b	d
v	1.000	-0.063	0.503*	-0.299	0.847**	-0.528*
D_f		1.000	0.435	0.821**	0.097	0.721**
H			1.000	0.459	0.624*	0.349
N				1.000	0.065	0.861**
R_b					1.000	0.232
d						1.000

注:显著性: * $p \leqslant 0.05$, * * $p \leqslant 0.01$, * * * $p \leqslant 0.001$。

从细沟流速与细沟形态量化参数的关系可以看出,细沟流速与坡面地貌信息熵、细沟沟网分叉比为正相关关系,且相关系数分别为0.503和0.847,呈较显著相关和显著相关;与细沟密度为负相关关系,相关系数为-0.528,呈较显著相关。说明坡面细沟形态随着降雨的持续不断发展,会使细沟流速做出相应调整,细沟形态演变与细沟流速分布之间存在一定的相关关系。

与坡面细沟流速关联性最为密切的形态量化参数为细沟沟网分叉比，其次为细沟密度和坡面地貌信息熵，关联度的排序依次为：$R_b > d > H$。上述结果表明，针对不同的形态特征参数，细沟水流流速的响应程度各不相同，细沟分叉比是表征细沟流速变化的最佳形态参数，细沟密度和坡面地貌信息熵次之，其余各形态参数对细沟流速变化的表达较弱。

5.3 小　结

本章采用室内人工降雨模拟试验，通过3种雨强（66 mm/h、94 mm/h、127 mm/h）的对比，研究坡面产沙过程对侵蚀方式的响应，分析细沟形成和演变过程中坡面水沙过程变化规律，揭示细沟形态变化与产流产沙及坡面流速间的互反馈作用，明确降雨强度对坡面产流产沙过程的影响，以细沟形态为纽带，将降雨、产流、产沙、流速联系起来，揭示坡面侵蚀系统各要素间的相互作用。取得的主要结论如下：

（1）产沙过程与坡面侵蚀方式有着明显的响应关系，溯源侵蚀是细沟发育过程中最为活跃的产沙因素，细沟发育早期绝大多数的产沙来自溯源侵蚀；沟壁崩塌、径流剪切是细沟发育中期较活跃的因素，直接导致中期土壤侵蚀率的快速增加；径流剪切分散作用是细沟发育后期较活跃的因素，其与含沙量对比关系的变化，导致了土壤侵蚀速率的持续震荡。

（2）通过对不同雨强下细沟形态变化与坡面水沙过程分析，坡面产沙受细沟形态变化的影响显著，处于不同侵蚀发育阶段的细沟沟网与坡面产沙存在对应关系，坡面径流含沙量在细沟产生之前相对较低，在细沟发育活跃阶段随之振荡上升，在细沟发育稳定阶段趋于相对稳定，而稳定后的径流含沙量大小与雨强成正比。细沟的产生和发育对坡面产流过程的影响有限，影响坡面产流的主要因素是土体透水性、土壤结皮以及产流方式的改变等。

（3）细沟间流速变化规律在不同细沟发育阶段基本一致，坡面上段流速最小为0.07 m/s左右，中段流速略有增加，为0.1～0.2 m/s，坡面下段流速增加迅速，可达0.5 m/s，这与坡面汇流能力的变化有关；跌坎的发生需要有一定的坡面流速，在坡面流速达0.2 m/s左右时，最易产生跌坎；细沟侵蚀过程中，坡面土体、细沟沟床和细沟流水力条件之间存在互馈关系，细沟的出现会导致细沟流速的增加，但随着细沟的发育，沟床阻力增大，细沟流速又会逐渐减小，三者间相互制约的关系影响着细沟内水流速度。

（4）通过细沟形态特征参数与坡面产沙的相关分析表明，与坡面侵蚀产沙关联性最为密切的形态量化参数为坡面地貌信息熵，关联度的排序依次为 $H > R_b > N > D_f > d$。通过细沟形态演变特征参数与细沟水流速度的相关分析表明，细沟水流速度对不同形态特征参数的响应程度各不相同，关联度的排序依次为 $R_b > d > H$，细沟分叉比是表征细沟流速变化的最佳形态参数，细沟密度和坡面地貌信息熵次之。

第 6 章　细沟形态非线性量化指标构建

从系统论的角度来看,坡面细沟发育过程可以视为一个由无序输入出发经自组织调整后产生的有序输出过程。因此,细沟形态量化参数之间不是彼此孤立的,而是存在内在联系的。本章将从灰色系统角度来研究坡面侵蚀系统,通过对各形态参数间以及形态参数与坡面产沙间的灰关联分析,对各形态参数间的关联性进行排序,分析影响坡面产沙效果的各形态参数间的主次关系,并优选出其中的优势参数,通过数学方法构建综合性的细沟形态量化指标,从而揭示细沟形态的非线性变化过程,为后续的预报模型建立做准备。

6.1　基于灰关联的细沟形态参数优劣性评价

6.1.1　灰色系统理论基本分析方法和与坡面侵蚀研究的结合点

我们将互相联系和互相制约的过程的集合体称为系统。系统是具有一定功能的体系,在系统内部各种要素相互关联、相互制约,系统的对象、要素、环境三者构成了一个有机联系的整体,它们中存在着物质、信息和能量的交换。例如,在坡面侵蚀过程中,降雨—径流—侵蚀产沙—细沟形态组成了一个水文动力系统,此系统中,降雨对应系统能量的输入,产流产沙对应系统能量的输出,而坡面系统内部进行的物质和能量交换迫使坡地形态不断变化而形成细沟,因此坡面细沟发育过程可以视为一个由无序输入出发经自组织调整后产生的有序输出过程。

系统分析法是用于研究系统在不同环境下发展变化过程的方法,通过研究系统的对象、要素、环境三者之间的关系,从而认识系统结构及其功能。方差分析、回归分析及主成分分析等都是系统分析的常用方法。然而,回归分析对样本的要求较高,比如要求有大样本量,样本要服从典型的概率分布等,而灰关联分析法 GRA(Grey Relational Analysis)则是一种新的系统分析方法。灰关联分析法是专门用于解决信息不全、关系不确定的灰色系统的一套分析方法,其基本原理是针对运行机制或物理原型不清的灰色关系进行分析并建模,基于行为因子序列的几何接近,确定因子间的影响程度及其对主行为的贡献,从而使灰色关系量化、序化、显化。灰色关联分析的目的是通过寻找影响目标值的主要因素来掌握事物的主要特征。

坡面细沟发育程度受降雨、土壤性质、前期含水量等多种因素共同影响,水流与土体间具有复杂的互反馈作用,表现为明显的非线性动力学机制。细沟形态各量化参数间并不是相互独立的,而是相互影响、相互联系的有机整体,具有协同作用。在细沟形态演变研究中,坡面水沙相互作用的物理机制至今还尚不完全清楚,并且在坡面侵蚀过程中,虽然影响细沟形态的降雨、产沙属于已知的范畴,但是因细沟边界条件变化剧烈,强烈的溯源侵蚀以及沟壁坍塌使坡面沿程含沙量分布变化很大,目前尚无法量化。坡面侵蚀系统所具有的以上这些特性，正好符合灰色系统分析的基本含义内容，因此可以将坡面侵蚀系统视为灰色系统，采用灰色系统理论进行研究。

6.1.2　灰关联计算模型

灰关联分析的基本思想是，通过对因素之间关联曲线的比较，对曲线间相似程度进行分析，从而判断因素间的相互关联程度。灰关联分析包括两种类型：一种是指定参考系列，研究参考系列与比较系列之间的关系；另一种是不指定参考系列，进行自关联型灰关联分析。

6.1.2.1　自关联矩阵

对于一般的灰关联分析，参考系列通常是指定的，但如果参考系列是灰关联因子序列集 x 中的任意一项，则可以得到一个自关联矩阵 $\boldsymbol{s-r}$：

$$\boldsymbol{s-r} = \begin{bmatrix} \gamma(x_1,x_1) & \gamma(x_1,x_2) & \cdots & \gamma(x_1,x_m) \\ \gamma(x_2,x_1) & \gamma(x_2,x_2) & \cdots & \gamma(x_2,x_m) \\ \vdots & \vdots & & \vdots \\ \gamma(x_n,x_1) & \gamma(x_n,x_2) & \cdots & \gamma(x_n,x_m) \end{bmatrix} \tag{6-1}$$

$\boldsymbol{s-r}$ 矩阵满足自相关性 $\gamma(x_i,x_j)=1$ 和对称性($\gamma(x_i,x_j)=\gamma(x_j,x_i)$)。

6.1.2.2　灰色关联度

系统行为因子 x_0 受多种因素的影响，其中 x_i 对 x_0 的影响大小称为灰关联度，灰关联度是灰色理论中量化系统各因素间关联程度的指标。

6.1.2.3　数据处理

在计算过程中，不同参数由于量纲的不同，在数值上会有较大差异，为了便于各参数间的相互比较，在计算之前首先要进行量化参数的标准化处理，其表达式为

$$X'_i = X_i/x_i(1) = (x'_i(1),x'_i(2),\cdots,x'_i(n)) \quad i=0,1,2,\cdots,n \tag{6-2}$$

每个点上的参考序列与比较序列差的绝对值计算式为

$$\Delta_{ij}(k) = |x_i(k) - x_j(k)| \tag{6-3}$$

x_j 对 x_i 的差异序列表达式为

$$\Delta_{ij} = (\Delta_{ij}(1),\Delta_{ij}(2),\cdots,\Delta_{ij}(n)) \tag{6-4}$$

求两极最大差与最小差的表达式为

$$\Delta_{ij}(\max) = M = \max_i\max_k\Delta_{ij}(k) \tag{6-5}$$

$$\Delta_{ij}(\min) = m = \min_i\min_k\Delta_{ij}(k) \tag{6-6}$$

灰关联系数的表达式为

$$\gamma_{1i} = \frac{1}{n}\sum_{i=1}^{n}\frac{\min_i\min_k\Delta_{1i}(k) + \xi\max_i\max_k\Delta_{1i}(k)}{\Delta_{1i}(k) + \xi\max_i\max_k\Delta_{1i}(k)} = \frac{m+\xi M}{\frac{1}{n}\sum_{i=1}^{n}\Delta_{1i}(k) + \xi M} \tag{6-7}$$

式中，ξ 为分辨系数，为了提高关联系数之间的差异显著性，要用 ξ 来削弱因 $\Delta_{ij}(\max)$ 过大而造成的关联系数失真，$0<\xi<1$，本次选取 $\xi=0.5$。

6.1.3　不同形态量化参数间的灰关联分析

选取细沟网络分形维数(D_f)、密度(d)、坡面地貌信息熵(H)、合并结点数(N)和分叉比(R_b)等5个形态参数作为评价坡面细沟发育程度的指标,用灰关联分析法计算这些形态参数组合的关联度及其排序。试验中得到的66 mm/h、94 mm/h、127 mm/h雨强下原始数据见表6-1。

表6-1　坡面产沙量与细沟形态参数原始数列

雨强(mm/h)	项目	时间序列						
		1	2	3	4	5	6	7
66	S_n(kg)	11.2	26.4	38.1	55.0	77.3	108.5	159.6
	D_f	1.161 3	1.170 1	1.186 0	1.185 8	1.207 4	1.210 5	1.223 0
	d(mm/mm^2)	2.503 3	3.271 2	4.055 3	4.230 5	4.883 3	5.149 8	6.402 9
	H	0.211 3	0.212 9	0.214 5	0.227 1	0.239 4	0.247 2	0.258 9
	N(个)	19	26	38	35	38	42	62
	R_b	3.782	4.304	5.124	4.350	4.636	5.104	7.174
94	S_n(kg)	9.6	11.7	15.4	23.7	75.5	91.3	111.9
	D_f	1.165 9	1.194 4	1.192 6	1.208 7	1.213 9	1.221 6	1.238 1
	d(mm/mm^2)	1.143 7	1.857 1	2.317 5	3.166 4	3.655 6	5.294 0	6.111 9
	H	0.207 8	0.212 8	0.216 5	0.213 5	0.219 9	0.233 5	0.238 9
	N(个)	10	22	25	38	44	49	59
	R_b	3.238	5.042	4.505	5.997	5.009	5.000	5.242
127	S_n(kg)	27.6	38.3	87.4	153.7	225.9	265.3	296.1
	D_f	1.190 7	1.199 2	1.194 9	1.199 2	1.211 4	1.210 8	1.229 7
	d(mm/mm^2)	1.944 6	2.316 8	2.651 4	3.364 6	3.707 0	4.319 1	5.624 8
	H	0.232 2	0.242 0	0.248 4	0.257 7	0.278 9	0.281 2	0.299 8
	N(个)	10	18	28	30	33	51	68
	R_b	3.609	3.902	4.392	6.822	7.051	7.172	5.518

在进行某一参数与其他参数的灰关联系数计算时,以某一参数为参考序列,以其他参数为分析序列,分析得到自关联矩阵:

$$
\boldsymbol{s}-\boldsymbol{r}=\begin{bmatrix}
1 & 0.612 & 0.660 & 0.686 & 0.684 & 0.712 \\
0.612 & 1 & 0.779 & 0.934 & 0.762 & 0.870 \\
0.660 & 0.779 & 1 & 0.793 & 0.889 & 0.796 \\
0.686 & 0.934 & 0.793 & 1 & 0.769 & 0.882 \\
0.684 & 0.762 & 0.889 & 0.769 & 1 & 0.795 \\
0.712 & 0.870 & 0.796 & 0.882 & 0.795 & 1
\end{bmatrix}
$$

从自相关矩阵 $\boldsymbol{s}-\boldsymbol{r}$ 中可以看出,细沟5个形态参数10种组合相互关联度及其排序,灰关联度较大的3组参数是:$D_f \sim H > d \sim N > H \sim R_b$,灰关联度较小的3组参数是:$D_f \sim N < H \sim N < D_f \sim d$,与坡面地貌信息熵密切相关的参数是沟网分形维数、分叉比,与沟网密

度密切相关的参数是合并结点数，说明地貌信息熵不仅能够从能量角度描述坡面微地形变化，而且能够体现细沟沟网的整体复杂程度及内部结构状态，因此在量化参数选择上应考虑引进坡面地貌信息熵，通过这一参数表达坡面细沟地貌复杂形态和发育演化程度。

6.1.4　形态量化参数与产沙量间的灰关联分析及相关分析比较

以坡面产沙量为参考序列，以细沟形态参数为分析序列，代入公式计算可得到各形态参数与坡面产沙间的灰关联系数，将其与相关系数进行对比，见表6-2。

表6-2　形态量化参数与产沙的灰关联系数及相关系数比较

项目	灰关联分析		相关分析	
	灰关联系数	排序	相关系数	排序
H	0.686	2	0.954	1
R_b	0.712	1	0.727	2
N	0.684	3	0.694	3
D_f	0.612	5	0.635	4
d	0.660	4	0.595	5

从表6-2可知，在灰关联分析中，各量化参数对产沙量的影响程度由大到小的顺序依次为$R_b > H > N > d > D_f$；在相关分析中，各量化参数对产沙量的影响程度由大到小的顺序依次为$H > R_b > N > D_f > d$。

由排序结果可知：

（1）在灰关联分析中，与产沙量密切相关的量化参数主要有细沟分叉比和坡面地貌信息熵，在相关分析中，与产沙量密切相关的量化参数依然是细沟分叉比和坡面地貌信息熵，说明细沟分叉比和坡面地貌信息熵是坡面形态量化参数中最能体现侵蚀发育程度的敏感参数。两种方法的分析结果基本一致，反映出坡面细沟的发育其随机性背后有其规律性，从一个角度证明了细沟形态演化规律存在的客观性。细沟合并结点数、分形维数、密度也能从一定程度上反映坡面侵蚀发育程度，但是与细沟分叉比和坡面地貌信息熵相比较而言，敏感性相对较弱，这说明细沟发育存在多维度问题。

（2）由于两种相关统计分析方法的计算原理不同，计算结果也存在差异。由于侵蚀系统本身的复杂性，以及细沟形态发育的随机性，各量化参数间、量化参数与坡面产沙间的相互关系是一个包括许多不确定因素的灰色系统，比如试验过程中外界环境的变化、土壤前期含水量的不同、坡面微地貌起伏的差异等。由于本研究的数据源于试验观测，在这种情况下，将其视为白化系统进行分析可能难以准确描述，而将其置于灰色系统中，采用灰色理论进行分析可能不受影响，这可能是两种分析方法计算结果存在差异的原因。

（3）在以往的参数间关联性分析研究中，人们通常采用数理统计学中的相关分析法，该方法在数据较充足且概率分布较典型的情况下可取得较满意的结果，而对于样本情况未知的灰色系统并不适用，此时需要借助灰色理论中的灰关联分析法，灰关联分析法是通过对参数间变化趋势的一致性判定，即参数间的几何接近，来衡量各参数间的关联程度，对于数据少、信息不完整、分布不典型的样本，仍可以得到较满意的结果。灰关联分析法只比较分析序列对参考序列影响的主次关系,而不问正负方向,因此当两个参数呈负相关时,分析结果往往会偏离实际情况,此时需要辅以相关分析来完成。因此,将灰关联分析与相关分析结合使用,相互补充,可以得到较为满意的结果。

6.2　细沟形态量化模式研究

坡面产沙与细沟形态的变化在时间上存在一定的同步效应,且侵蚀过程中细沟内水流紊动剧烈,伴随强烈的溯源侵蚀以及沟壁坍塌,沿程水流含沙量迅速增加,水流挟沙力逐渐增强,鲜有泥沙沉积发生,泥沙输移比近似为1。因此,量化指标的建立以坡面产沙量作为目标函数,选取与坡面产沙关系密切的形态参数建立回归关系,形成综合量化参数。

为了区分各形态参数的敏感性,本研究采用回归系数决定法。根据细沟形态与坡面产沙相关分析结果,基于对细沟形态量化参数的敏感性评价,从量化参数中选取坡面地貌信息熵、分叉比作为最优参数。

6.2.1　细沟形态量化指标体系建立的原则

(1)由于影响细沟形态的因素有许多,而且不同类型的土壤,侵蚀特征、侵蚀过程都具有各自的个性特征,因此这套指标体系能反映主要共性的综合特征。

(2)选取适应的指标数量,在能反映侵蚀状态的前提下,既不相互重叠和矛盾,又使指标总量最少,简便易行。

(3)由于细沟形态的动态变化直接表现为坡面产沙量的变化,因此选取对坡面产沙过程最为敏感的形态参数作为量化指标。

(4)细沟形态发育过程是坡面内外营力间相互作用和时间的函数,即过程 = 状态 + 时间,因此在进行量化指标选取时,需将时间量化和状态量化相结合,这样才能弥补现有形态量化的不足,拓展侵蚀形态量化指标的内涵,达到对坡面侵蚀系统发育过程的多维度描述。

在细沟形态众多的单因子量化参数中,坡面侵蚀产沙关联性最为密切的形态量化参数为以坡面地貌信息熵为代表的能量量化参数和以沟网分叉比为代表的拓扑参数。因此,考虑以这两类参数为自变量,以坡面产沙为因变量,通过回归分析建立量化模型。

6.2.2　细沟形态非线性量化模型建立及计算

在计算各量化参数对坡面产沙的影响时,以坡面产沙量(S_n)为因变量,以坡面地貌信息熵(H)和细沟沟网分叉比(R_b)为自变量建立回归方程

$$S_n = a + bH + cR_b \tag{6-8}$$

由于式中各变量间的量级差异较大,因此各变量贡献的大小不能直接根据回归系数(b 和 c)来判定。需要在回归分析之前对各变量数据进行标准化处理,使之变化范围介于0~1,对标准化处理后的变量数据进行重新回归计算,得到回归方程为

$$S_n = bH + cR_b \tag{6-9}$$

式中，b 和 c 为回归系数，其绝对值的大小是对应变量贡献率大小的反映，由此可以求出 H 对 S_n 的贡献率 C_P 和 R_b 对 S_n 的贡献率 C_A。C_P 和 C_A 的计算公式分别为

$$C_P = c/(c + d) \tag{6-10}$$

$$C_A = d/(c + d) \tag{6-11}$$

6.2.2.1　变量数据的标准化处理

在进行多元统计分析时，不同量纲的数据，比如侵蚀量(kg)、细沟密度(mm/mm^2)、分叉比(个)，由于变量在数量级和计量单位上的差异，各个变量间不具有可比性，此时需对各变量数值进行标准化(无量纲化)处理。

本次研究中的数据标准化处理在SPSS软件中进行，采用Z标准化方法，即将每一变量值与其平均值之差除以该变量得到的标准差，Z标准化方法是目前多变量综合分析中使用最多的一种方法，标准化后，变量的平均值为0，标准差为1，从而消除了量纲和数量级对回归结果的影响。根据前文所得结论，在细沟形态各量化参数中，选取对坡面产沙量影响最大的前两个参数：坡面地貌信息熵、细沟沟网分叉比，进行标准化处理，其统计量描述如表6-3所示。

表6-3　统计量描述

参数类型	统计量	描述	均值	标准差
侵蚀参数	S_n	坡面产沙量(kg)	0	1
能量参数	H	坡面地貌信息熵	0	1
拓扑参数	R_b	细沟沟网分叉比	0	1

6.2.2.2　构建回归模型与检验

利用SPSS构建产沙量 S_n 与 H、R_b 的回归模型，研究得出坡面产沙与细沟形态演变间的互动关系。SPSS输出的线性回归分析结果见表6-4～表6-10及图6-1、图6-2。相关系数 R 为0.968，判定系数 R^2 为0.938，修正后 R^2 为0.931，反映了坡面产沙与细沟形态之间具有高度的线性关系。

表6-4　模型概述

相关系数 R	判定系数 R^2	修正后 R^2	标准估计误差
0.968	0.938	0.931	0.263 2

模型的设定检验 F 统计量值为135.344，显著性水平的 p 值为0(见表6-5)，按 $\delta = 0.05$ 水平，模型通过了设定检验，即坡面产沙与细沟形态之间的线性关系明显，所建立的回归模型具有统计学意义。

表6-5　方差分析

模型	平方和	自由度	均方差	F 值	p 值
回归	18.753	2	9.376	135.344	0.000
残差	1.247	18	0.069		
总偏差	20.000	20			

表6-6给出了回归模型中各项的偏回归系数和变量显著性检验 T 值，由此建立的坡

面产沙与细沟形态量化参数的多元回归方程为

$$S_n = 0.821H + 0.212R_b \quad (R = 0.968) \tag{6-12}$$

常数项及偏回归系数的 P 值分别为1.000、0.000、0.012，除常数项外，其他均具有显著意义，即 H、R_b 均会对 S_n 产生显著影响。回归系数比较可靠地反映了 H、R_b 对 S_n 的影响权重，即 $H > R_b$。从回归方程可见，相关系数值为0.968，显著性概率为0.012，说明回归方程的可信度较高。由表6-6的贡献率结果可见，H 对 S_n 的贡献率约达80%，R_b 的贡献率约为20%，坡面地貌信息熵对侵蚀产沙的影响程度较大，在坡面能量一定的条件下，细沟沟网的拓扑结构越复杂，致使坡面的产沙量越大。

表6-6　回归系数

模型	标准误差	标准化回归系数	检验值 T	检验值 P	各变量的贡献度(%)
常数项	0.057	0.000	0.000	1.000	
H	0.076	0.821	10.849	0.000	79.5
R_b	0.076	0.212	2.797	0.012	20.5

残差统计见表6-7，由表可见，标准化残差绝对值的最大值为2.033，未超过默认值3，说明结果无异常现象。

表6-7　残差统计

模型	最小值	最大值	均值	标准差	样本数
预测值	-1.288	2.042	0.000	0.968	21
残差	-0.535	0.403	0.000	0.250	21
标准化预测值	-1.330	2.109	0.000	1.000	21
标准化残差	-2.033	1.531	0.000	0.949	21

由模型标准化残差的直方图(见图6-1)和累积概率图(见图6-2)可知，标准化残差明显地服从正态分布，观测的残差累积概率也符合正态分布，因而可以认为残差分布服从正态分布。图6-3显示残差无规律散乱分布，回归结果比较满意。

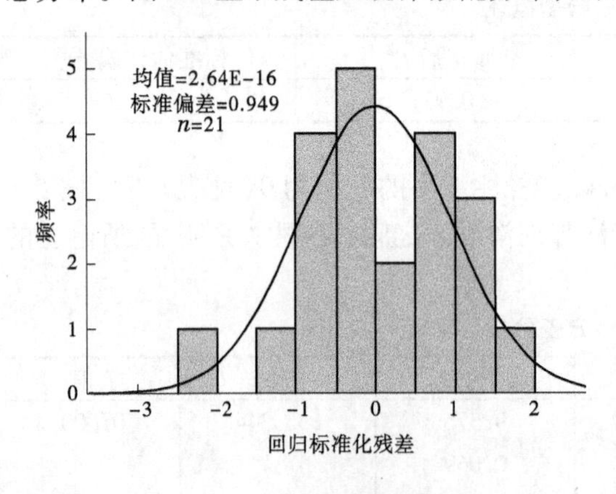

图6-1　标准化残差分布直方图

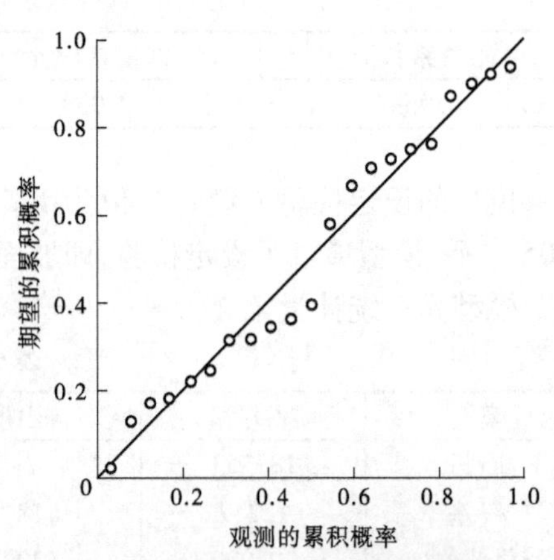

图6-2　标准化残差的累积概率图

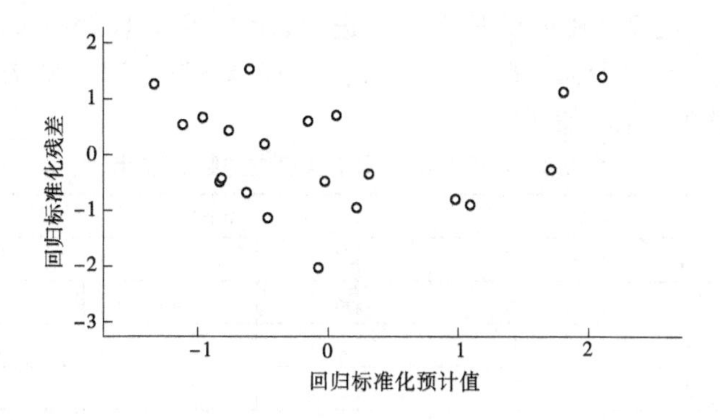

图6-3 标准化残差分布散点图

6.2.3 细沟形态量化的数学表征

细沟形态的发展是坡面侵蚀发展过程中内外营力相互作用的一种状态的表征。根据回归分析结果,设细沟形态为G,用如下数学形式来表示

$$G = a_1 H + a_2 R_b \tag{6-13}$$

式中 H——坡面地貌信息熵;

R_b——细沟沟网分叉比;

a_1——熵在细沟形态量化中所占权重;

a_2——分叉比在细沟形态量化中所占权重。

根据式(6-12)中H对S_n的贡献率达80%,对R_b的贡献率为20%,得到细沟形态G的表达式:

$$G = 0.8H + 0.2R_b \tag{6-14}$$

由式(6-13)和式(6-14)可以看出,对于细沟这种不规则形态的表征是从能量特征和拓扑特征两方面进行描述的。从表达式的物理意义上看,地貌的发育和演化取决于内外营力产生的熵流的对比,从地貌信息熵的实现方法来看,水流势能的大小由坡面的相对高度决定,坡面水动力条件由坡面面积及所接收的降水量决定,因此坡面地貌信息熵的概念中包含了坡面细沟的发育阶段信息,是系统发育程度和演化阶段的表征,是兼具“能量”和“时间”意义的量化参数。细沟网络的分叉比是其拓扑学特征的主要表现。分叉比越大,则表示细沟网络中低等级细沟的数目相对于高等级的越多,说明细沟网络内分支越多,网络结构越发达。因此,细沟网络的分叉比可以反映出细沟网络的组织度、密布性及复杂程度,是兼具“结构”和“状态”意义的量化参数。

综上,式(6-13)所表达的是一种“能量+结构”“状态+时间”的量化模式,将坡面能量量化和沟网结构量化相结合,融合时间量化与状态量化,形成细沟形态综合量化参数,从而构建反映坡面细沟复杂形态和发育演化程度的综合指标。

6.3 量化模式的验证

以一场验证试验为例,对回归模型进行验证。试验仍然采用模拟降雨方式,在规格为

5 m×1 m×0.6 m 的 20°陡坡试验土槽内进行，土壤容重 1.25 g/cm^3，降雨强度 120 mm/h。试验结束后对不同降雨历时下的细沟网络图形进行统计，细沟网络支沟数目见表6-8，平均分叉比的计算见表6-9～表6-14。

表6-8 不同降雨时间下各级支沟数目统计

沟网级别	降雨历时(min)					
	14	30	44	60	74	90
1	23	26	34	43	44	55
2	8	4	5	7	6	7
3	2	2	2	3	3	3
4						1

表6-9 降雨 14 min 平均分叉比计算过程

沟网级别	细沟数目	相邻两级沟网分叉比	相邻两级细沟总数	第三项×第四项
1	23			
		23/8=2.875	23+8=31	2.875×31=89.125
2	8			
		8/2=4	8+2=10	4×10=40
3	2			
		平均分叉比 129.125/41=3.149	累计总量 41	累计总量 129.125

表6-10 降雨 30 min 平均分叉比计算过程

沟网级别	细沟数目	相邻两级沟网分叉比	相邻两级细沟总数	第三项×第四项
1	26			
		26/4=6.5	26+4=30	6.5×30=195
2	4			
		4/2=2	4+2=6	2×6=12
3	2			
		平均分叉比 207/36=5.75	累计总量 36	累计总量 207

表6-11 降雨 44 min 平均分叉比计算过程

沟网级别	细沟数目	相邻两级沟网分叉比	相邻两级细沟总数	第三项×第四项
1	34			
		34/5=6.8	34+5=39	6.8×39=265.2
2	5			
		5/2=2.5	5+2=7	2.5×7=17.5
3	2			
		平均分叉比 282.7/46=6.146	累计总量 46	累计总量 282.7

表6-12 降雨 60 min 平均分叉比计算过程

沟网级别	细沟数目	相邻两级沟网分叉比	相邻两级细沟总数	第三项×第四项
1	43			
		43/7=6.14	43+7=50	6.14×50=307
2	7			
		7/3=2.33	7+3=10	2.33×10=23.33
3	3			
		平均分叉比 330.33/60=5.50	累计总量 60	累计总量 330.33

表 6-13　降雨 74 min 平均分叉比计算过程

沟网级别	细沟数目	相邻两级沟网分叉比	相邻两级细沟总数	第三项×第四项
1	44			
		44/6 = 7.33	44 + 6 = 50	7.33 × 50 = 366.5
2	6			
		6/3 = 2	6 + 3 = 9	2 × 9 = 18
3	3			
		平均分叉比 384.5/59 = 6.52	累计总量 59	累计总量 384.5

表 6-14　降雨 90 min 平均分叉比计算过程

沟网级别	细沟数目	相邻两级沟网分叉比	相邻两级细沟总数	第三项×第四项
1	55			
		55/7 = 7.857	55 + 7 = 62	7.857 × 62 = 487.134
2	7			
		7/3 = 2.333	7 + 3 = 10	2.333 × 10 = 23.330
3	3			
		3/1 = 3	3 + 1 = 4	3 × 4 = 12
4	1			
		平均分叉比 522.464/76 = 6.874	累计总量 76	累计总量 522.464

各降雨历时下的 H 和 R_b 值见表 6-15，细沟形态用式(6-12)计算，在 SPSS 中对细沟形态和坡面产沙量做相关性分析(见表 6-16)，可以看到二者的相关性系数 0.834，对应的显著性为 0.039，设置的显著性水平为 0.05，在 0.05 水平上显著相关，通过显著性检验，即认为两个变量总体趋势有显著一致性。

表 6-15　验证试验坡面细沟形态演变及侵蚀数据

降雨历时(min)	H	R_b	G	S_n(kg)
14	0.218	3.149	0.804	13.460
30	0.226	5.750	1.331	17.853
44	0.258	6.146	1.436	21.631
60	0.274	5.510	1.321	26.975
74	0.281	6.520	1.529	32.309
90	0.315	6.874	1.627	37.089

表 6-16　相关性分析

		G	S_n(kg)
细沟形态	Pearson 相关性	1	0.834
	显著性(双侧)		0.039
	n	6	6
坡面产沙量	Pearson 相关性	0.834	1
	显著性(双侧)	0.039	
	n	6	6

相关性分析结果表明，用细沟形态量化模型建立的细沟形态指标与坡面产沙量具有显著相关性，能够反映侵蚀强弱动态变化，较真实表达坡面细沟发育程度。

6.4 细沟形态的非线性变化

在细沟侵蚀过程中,降雨—水沙输移—细沟形态演变组成了一个微型水文地貌系统,此系统以降雨径流为主要驱动力,通过水沙运移和能量交换迫使细沟形态不断变化,细沟形态通过分离水流影响着水动力学特性,从而深刻地影响坡面径流、入渗、泥沙输移和产流产沙过程。因此,细沟的发育加剧了水流与土体间的互反馈作用,非线性特征更加突出,在坡面侵蚀过程中,降雨—径流—输沙—细沟形态演变组成了一个典型的非平衡自组织系统,细沟是侵蚀发展所表现出来的外部形态,其内在实质是坡面系统内部径流能量变化。

不同降雨强度下细沟形态特征指标 G 的变化特征见表 6-17,细沟形态随降雨时间的增加基本呈现先增加后平稳的趋势(见图 6-4),G 值在增加过程中呈现一定的波动,变化趋势基本呈对数函数分布。分析其原因,可能与径流能量在降雨过程中的变化有关。在细沟侵蚀过程中,一方面,随着降雨历时的增加,径流侵蚀能量增加,导致径流含沙量相应增加;另一方面,含沙量的增加使径流搬运泥沙所需消耗的能量增加,侵蚀能量减弱,二者相互消长,导致径流能量随时间的增加表现出非线性变化特征。不同降雨强度下的径流能量差异较大,所以各次降雨细沟形态的变化在总体趋势相似的前提下,又有一定的差异。

表 6-17 细沟形态特征指标的变化

降雨强度(mm/h)	降雨时间(min)	坡面地貌信息熵 H	细沟沟网分叉比 R_b	细沟形态综合指标 G
66	12	0.211	3.782	0.925
	16	0.213	4.304	1.031
	24	0.215	5.124	1.196
	29	0.227	4.350	1.052
	45	0.239	4.636	1.119
	52	0.247	5.104	1.219
	58	0.259	7.174	1.642
94	16	0.208	3.238	0.814
	24	0.213	5.042	1.179
	29	0.217	4.505	1.074
	34	0.214	5.997	1.370
	39	0.220	5.009	1.178
	45	0.234	5.000	1.187
	52	0.239	5.242	1.240
120	14	0.218	3.149	0.804
	30	0.226	5.750	1.331
	44	0.258	6.146	1.436
	60	0.274	5.510	1.321
	74	0.281	6.520	1.529
	90	0.315	6.874	1.627

续表 6-17

降雨强度(mm/h)	降雨时间(min)	坡面地貌信息熵 H	细沟沟网分叉比 R_b	细沟形态综合指标 G
127	14	0.232	3.609	0.908
	28	0.242	3.902	0.974
	38	0.248	4.392	1.077
	48	0.258	6.822	1.571
	58	0.279	7.051	1.633
	68	0.281	7.172	1.659
	78	0.300	5.518	1.343

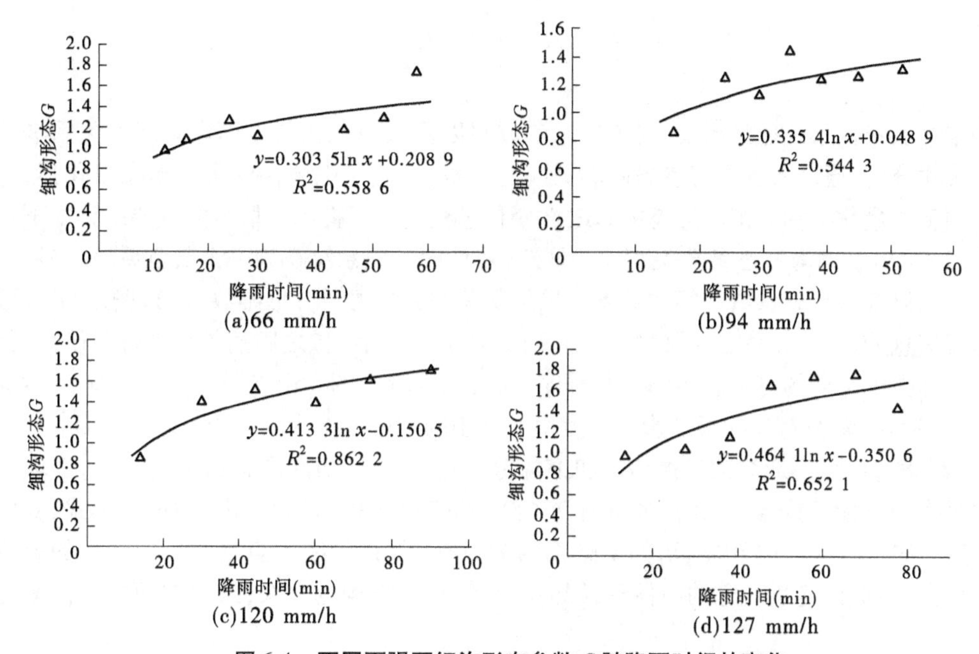

图6-4　不同雨强下细沟形态参数 G 随降雨时间的变化

从总体来看，各雨强下 G 值的变化范围在0.8～1.7，120 mm/h 和127 mm/h 雨强下拟合曲线的相关系数 R^2 较66 mm/h 和94 mm/h 雨强大，说明120 mm/h 和127 mm/h 雨强下细沟形态的对数函数分布特征较为明显。大雨强下径流流速相对较大，导致径流能量耗散较快，非线性特征更加明显，中等降雨强度下径流流速相对较小，这种非线性特征比较微弱。

66 mm/h 降雨强度下，细沟形态在发育初期(前25 min)发育迅速，随后趋于平稳；94 mm/h 降雨强度下，细沟发育在前40 min 较为活跃，随后趋于平稳；120 mm/h 降雨强度下，细沟发育在前50 min 较为活跃；127 mm/h 降雨强度下，细沟发育在中期(40～70 min)较为活跃，其后略有下降。造成上述现象的原因可能是，土壤含水量随降雨历时的延长而逐渐增大，而坡面上部细沟分布密度也在增加，细沟的出现使坡面汇流能力加强，产生集中股流，导致坡面径流能量增加，径流含沙量也随之增加。与此同时，径流搬运泥沙所需消耗的能量也在增加，致使径流能量沿程较快增长的同时消耗也加快，这一能量作用对比关系反映在细沟形态上，表现为各雨强下细沟形态变化规律的差异。在127 mm/h雨强下，由于径流侵蚀力较大，细沟发育变化较快，径流能量随之增长明显，前40 min为径流能量积蓄阶段，其后量变引起质变，细沟发育明显活跃，细沟形态的不断变化加剧了水流与土体间的互反馈作用，使沟内水流含沙量不断增长，从而加剧了径流搬运侵蚀泥沙的能量消耗，侵蚀阶段后期细沟发育程度减弱。而在94 mm/h降雨强度下，径流侵蚀力较为适中，坡面细沟沟网前期发育相对比较充分，形成了相对稳定的径流泥沙输送通道，细沟发育后期变化较慢，径流能量相对稳定，后期细沟发育趋于平稳。上述结果表明，雨强越大，侵蚀能力越大，坡面趋于相对稳定的时间越长，在细沟发育过程中，细沟形态随降雨历时的延长呈现出相应的变化规律，能够间接反映坡面径流的沿程能量变化。

6.5 小　结

本章从灰色系统理论出发，对各形态参数间以及形态参数与坡面产沙间的关系进行了灰关联分析，通过对各形态参数间的关联性分析，构建了综合性的细沟形态量化指标，并运用新的量化指标对细沟形态的非线性变化过程进行了揭示。取得的主要结论如下：

（1）提出了细沟形态参数关联性的概念，将坡面侵蚀系统视为一个灰色系统，采用灰色理论探讨细沟形态参数之间的关系。采用灰关联分析法对分形维数（D_f）、密度（d）、坡面地貌信息熵（H）、合并结点数（N）和分叉比（R_b）等几何参数之间的关系进行了研究，并通过计算得到它们的自关联矩阵及其排序，灰关联度较大的3组参数是 $D_f \sim H > d \sim N > H \sim R_b$，各量化参数对产沙量的影响程度由大到小的顺序依次为 $R_b > H > N > d > D_f$。

（2）优选出坡面地貌信息熵（H）和细沟分叉比（R_b）为细沟形态的量化参数，以坡面产沙量作为目标函数，经过回归分析建立了细沟形态 $G = 0.8H + 0.2R_b$ 的量化模式，其中 H 对产沙的贡献率约达80%，R_b 的贡献率约为20%，坡面地貌信息熵对侵蚀产沙的影响程度较大，在坡面能量一定的条件下，细沟沟网的拓扑结构越复杂，致使坡面的产沙量越大。

（3）从坡面系统内部径流能量变化，诠释了细沟形态的非线性变化规律，细沟形态随降雨历时的延长基本呈先增加后平稳的趋势，G 值在增加过程中呈现一定的波动，变化趋势呈现对数函数分布。分析其原因，可能与坡面侵蚀过程中径流能量的变化有关，一方面，随着降雨历时的增加，径流侵蚀能量增加，导致径流含沙量相应增加；另一方面，含沙量的增加使径流搬运泥沙所需消耗的能量增加，侵蚀能量减弱，二者相互消长，导致径流能量随时间的增加表现出非线性变化特征。不同降雨强度下的径流能量差异较大，所以各次降雨细沟形态的变化在总体趋势相似的前提下，又有一定的差异。

（4）从总体来看，各雨强下 G 值的变化范围在0.8～1.7，120 mm/h和127 mm/h雨强下拟合曲线的相关系数 R^2 较66 mm/h和94 mm/h雨强大，说明120 mm/h和127 mm/h雨强下细沟形态的对数函数分布特征较为明显。大雨强下径流流速相对较大，导致径流能量耗散较快，非线性特征更加明显，中等降雨强度下径流流速相对较小，非线性特征较弱。

第 7 章　基于细沟形态变化的黄土坡面侵蚀预报模型

坡面侵蚀地貌是影响坡面侵蚀产沙过程的重要地形因子之一。以往建立的坡面水蚀预报模型，对于坡面地形因子，往往只研究坡度、坡长等宏观因子，而忽略了细沟形态等微观地形因子的影响。而实际土壤侵蚀过程中，坡面产沙与侵蚀发育形态息息相关，不同的细沟发育阶段及其形态特征决定着产沙量的大小，因此要提高黄土坡面侵蚀预报模型精度，就需要将细沟形态这一微地貌耦合到预报模型当中。

7.1　降雨—产沙—细沟形态定量响应规律

研究坡面细沟形态变化与降雨侵蚀产沙的定量响应规律，其关键是构建“降雨—产沙—细沟形态”预测模型。从系统分析的角度，将细沟形态时空演化过程看作一个整体，研究细沟演化随机性背后的确定性规律，揭示其互动响应机制。

利用 Pearson 相关分析法分析降雨因子与坡面产沙的相关关系，依据第 6 章建立的细沟形态非线性量化指标，选择细沟形态综合量化参数 G 作为形态代表参数，运用 SPSS 软件对降雨因子、产沙因子与坡面细沟形态数据进行回归分析，建立降雨、侵蚀与量化参数间的定量耦合关系模型，并对预测模型的精度进行验证和修订，从而创建“降雨—产沙—细沟形态”预测模型，对降雨、侵蚀与坡面细沟发育形态间的定量响应关系进行揭示。

7.1.1　影响因子的确定

细沟是侵蚀发展所表现出来的外部现象，是外营力与土体的抗蚀力间相互作用的结果。土壤侵蚀的发生与发展受降水、土壤性质、地质条件、地貌形态、植被措施以及人类活动等多因素共同影响，这种相互作用关系异常复杂且随机性强，很难用几个力学公式或模型表述清楚。要深入研究细沟的形成及发育机制，就必须对某些具体问题进行抽象和简化，尽可能将影响细沟侵蚀和发育的因素分离出来。为了将细沟形态变化对侵蚀过程的影响分离出来，试验中控制土壤密度、含水量一定，坡面为无植被覆盖的黄土裸坡，且坡度不变。此时，影响细沟侵蚀的因子主要有降雨因子和细沟形态因子。

7.1.1.1　降雨因子

降雨是土壤侵蚀的主要驱动力，与土壤侵蚀密切相关。在黄土高原地区，大陆性季风气候带来的多暴雨条件，造成这一地区夏季多发历时短、强度高的降雨，使黄土坡地极易受到水力侵蚀，尤其对于裸露的坡耕地，降雨因子的影响更加显著。通过本书第 4 章的分析也表明，细沟侵蚀过程与降雨因子关系密切。

降雨因子对侵蚀过程的影响表现在降雨强度和降雨历时两个方面，因此用降雨侵蚀力表征，降雨侵蚀力(Rainfall Erosivity，R_E)是降雨引起的土壤侵蚀的潜在能力表征，是降雨物理特征的函数。在通用水土流失方程(USLE)及其修正版(RUSLE)中,降雨侵蚀力R_E是其中的一个基础因子,该因子是基于降雨强度和降雨动能而建立的降雨特征量化指标,由降雨动能E和降雨强度I复合而成,其表达式为

$$R_E = EI_{30} \tag{7-1}$$

式中　R_E——降雨侵蚀力,MJ · mm/(km^2 · h);

E——降雨动能,J/(mm · m^2);

I_{30}——最大 30 min 降雨强度,mm/min。

EI_{30}算法是 USLE 中计算降雨侵蚀力因子的经典算法,在全球已得到广泛应用,但由于这一表达式中E的计算较复杂,国内外学者围绕降雨侵蚀力的简易算法做了大量研究。Foster 于 1982 年提出将EI_{30}算法简化为PI_{30}算法,章文波等(2002)则认为可以用PI_{10}作为我国降雨侵蚀力指标。

将简化的PI_{30}算法用于本次研究,由于试验中降雨强度恒定,因此降雨侵蚀力表达式可简化为

$$R_E = PI \tag{7-2}$$

式中　R_E——降雨侵蚀力,mm^2/min;

P——相应时段雨量,mm;

I——降雨强度,mm/min。

降雨因子与土壤侵蚀相关性分析,采用模拟试验中获取的 66 mm/h、94 mm/h、127 mm/h 雨强下的 135 组坡面产沙量(S_n)、土壤侵蚀速率(S_r)、降雨量(P)、降雨侵蚀力(R_E)数据,运用 SPSS 软件,依据表 7-1 中的统计参数,利用 Pearson 相关分析法分析降雨因子与坡面产沙的相关关系。

表 7-1　参数描述性统计分析

参数	最大值	最小值	平均值	标准值	样本数
S_n	227.126	0.3	60.539	54.621	135
S_r	1.854	0.025	0.713	0.468	135
P	165.126	2.2	58.376	36.053	135
R_E	349.572	2.42	96.256	81.132	135

依据降雨及土壤侵蚀数据进行 Pearson 相关分析,采用的相关系数是 Pearson 相关系数,结果见表 7-2。

表 7-2　土壤侵蚀参数与降雨参数间的相关系数矩阵

参数	S_n	S_r	P	R_E
S_n	1	0.812**	0.903**	0.970**
S_r		1	0.855**	0.894**
P			1	0.951**
R_E				1

注:显著性:*$p \le 0.05$,**$p \le 0.01$,***$p \le 0.001$。

由表 7-2 可见,坡面产沙量、土壤侵蚀速率与降雨参数均为正相关关系,说明降雨的

持续会导致侵蚀不断发展。从土壤侵蚀参数与降雨参数的关系可以看出，坡面产沙量与降雨量、降雨侵蚀力的相关系数分别为0.903和0.970，呈显著相关；土壤侵蚀速率与降雨量、降雨侵蚀力的相关系数分别为0.855和0.894，呈较显著相关。

以上分析表明降雨侵蚀力与土壤侵蚀过程的关系最为密切，因此选用降雨侵蚀力 R_E 作为表征降雨因子的参数。

7.1.1.2　细沟形态因子

通过第6章细沟形态参数优劣性评价分析可知，构建的细沟形态综合量化参数 G 是表征细沟发育的最佳形态指标，其与细沟侵蚀速率的关系式是最优拟合方程。因此，本研究优选细沟形态综合量化参数 G 作为表征细沟形态因子的参数，参与模型构建。

7.1.2　“降雨—产沙—细沟形态”预测模型

在坡度不变的情况下，裸坡土壤侵蚀主要随降雨、细沟发育的作用而变化。本研究选取坡面产沙量 S_n、降雨侵蚀力 R_E和细沟形态综合量化参数 G，通过对不同降雨条件下裸坡土壤侵蚀21组试验结果进行统计分析，对数据进行标准化处理，同时，考虑构建方程的物理意义，通过拟合得到最优细沟侵蚀预报方程，其表达式为

$$M_r = 0.7G^{1.236}R_E^{0.918} \quad (R^2 = 0.854, n = 21) \tag{7-3}$$

式中　M_r——标准化后的细沟侵蚀模数，t/km^2。

由式(7-3)可知，坡面细沟侵蚀速率与降雨侵蚀力和细沟综合量化参数之间呈幂函数关系，其中降雨侵蚀力的指数为0.918，细沟综合量化参数的指数为1.236。

为验证所建模型的精度，采用13场模拟降雨的独立试验数据进行验证，选用相关系数 R 和纳什系数 E_{NS}评价模型的有效性，E_{NS}是评价模型质量的参数，E_{NS}取值为负无穷至1，若 E_{NS}接近1，表示模型质量好、可信度高；若 E_{NS}接近0，表示模拟结果与观测值的平均值相当，即总体结果可信，但模拟误差较大；若 $E_{NS} \ll 0$，则表示模型是不可信的。E_{NS}计算公式如下

$$E_{NS} = 1 - \frac{\sum_{t=1}^{T}(Q_0^t - Q_m^t)^2}{\sum_{t=1}^{T}(Q_0^t - \overline{Q_0})^2} \tag{7-4}$$

式中　Q_0——观测值；

Q_m——模拟值；

$\overline{Q_0}$——观测值的平均值。

通常我们认为当 $R^2 > 0.5$，$E_{NS} > 0.4$ 时，模型的预报精度达到要求。通过代入式(7-4)进行验证计算，式(7-3)的 R^2和 E_{NS}分别为0.699和0.525，达到了模型精度要求。细沟侵蚀速率观测值与式(7-3)模拟值的对比见图7-1，结果表明，细沟侵蚀速率的观测值与模拟值沿1∶1线拟合结果较好，说明式(7-3)用于预测黄土坡面细沟间侵蚀速率的效果较好。

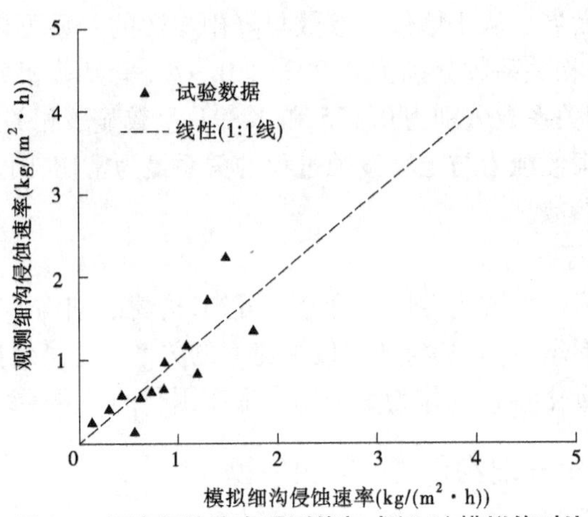

图 7-1　细沟侵蚀速率观测值与式(7-3)模拟值对比

7.2　陡坡地坡面土壤侵蚀预报模型

我国的土壤侵蚀预报模型研究多是基于 USLE 模型,根据径流小区实测资料和各地区实际情况,经修正后建立的,由于研究区域的不同,建立的预报模型也有所差异。

江忠善等(1996)以裸露农地径流小区作为基准状态,将降雨量、最大 30 min 雨强、坡度和坡长作为影响土壤侵蚀的主要因素,在对安塞水土保持综合试验站 1985 ~ 1991 年间,发生在裸露农地径流小区的 300 多场降雨径流观测资料统计分析的基础上,经多元回归分析,建立了计算裸露农地基准状态的陡坡地坡面土壤侵蚀预报模型,其表达式为

$$M_0 = 5.097P^{0.999}I_{30}^{2.637}S^{0.880}L^{0.286} \tag{7-5}$$

式中　M_0——裸地基准状态下的次降雨侵蚀模数,t/km²;

P——次降雨量,mm;

I_{30}——次降雨最大 30 min 雨强,mm/min;

S——地面坡度,(°);

L——坡长,m。

从上述坡面土壤侵蚀模型可以看出,模型对坡面地形因子的表述只考虑了坡度、坡长等宏观尺度因子对侵蚀产沙的影响,而忽略了坡面细沟形态等微观地形因子。事实上,细沟的形成与发展对坡面产沙的影响非常大,细沟一旦形成,坡面产沙量化会明显增大,有时可使坡面产沙量增加几倍到几十倍。朱显谟(1981)曾研究指出,发生于黄土高原坡耕地上的细沟侵蚀量,可占坡面侵蚀量的 70%;郑粉莉等(1987)也研究得出了相似的结论。国外研究者在细沟与坡面产沙的关系研究方面,也取得了相似的结论,如 Mutchler(1975)研究认为坡面上超过 80% 的泥沙流失是由细沟输送的;Meyer 等(1975)通过观测认为,细沟的产生可使坡面土壤侵蚀量增加 3 倍;Whiting 等(2001)通过不同核素示踪方法,对坡面产沙来源进行了分析,认为细沟侵蚀占总侵蚀量的 97%,是片蚀量的 29 倍之多。可见,细沟的出现可导致土壤侵蚀量的大幅度增加,这一点已得到学术界的公认。因此,考虑坡面侵蚀过程中细沟发育形态对坡面侵蚀模型预报的准确性至关重要。

在综合考虑细沟发育形态的影响后,对江忠善模型进行修正,在模型中嵌入细沟形态量化因子,得到陡坡地坡面土壤侵蚀预报模型结构应为

$$M_s = M_0 C \tag{7-6}$$

式中　M_s——修正后的侵蚀模数,t/km²;

M_0——修正前的侵蚀模数,t/km²,由式(7-5)确定;

C——细沟侵蚀系数,无量纲。

7.3　模型的修正及验证

7.3.1　无细沟发育预报方程

在坡面无细沟发育的情况下,裸坡土壤侵蚀主要随降雨的作用而变化。选取坡面产沙量 S_n 和降雨侵蚀力 R_E,通过对不同降雨条件下裸坡尚未出现细沟的20组次土壤侵蚀试验数据进行统计分析,拟合得到最优无细沟发育的侵蚀预报方程表达式如下

$$M_n = 0.912 R_E^{1.131} \quad (R^2 = 0.845, n = 20) \tag{7-7}$$

式中　M_n——无细沟发育情况下标准化后的坡面侵蚀模数,t/km²。

由式(7-7)可知,坡面侵蚀速率随着降雨侵蚀力的增加呈幂函数增长,其中降雨侵蚀力的指数为1.131。

采用13场模拟降雨的试验独立数据对模型进行验证。经验证,式(7-7)的 R^2 和 E_{NS} 分别为0.927和0.943,达到了模型精度要求。细沟侵蚀速率观测值与式(7-7)模拟值的对比见图7-2,结果表明,细沟侵蚀速率的观测值与模拟值沿1∶1线拟合结果较好,表明式(7-7)可用于预测无细沟发育的黄土坡面侵蚀速率。

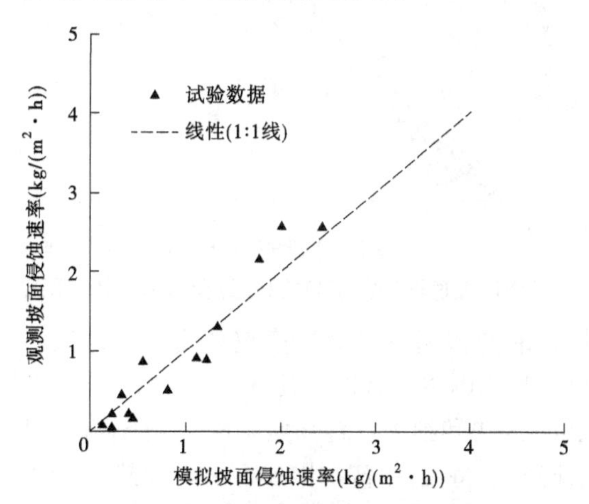

图7-2　细沟侵蚀速率观测值与式(7-7)模拟值对比

7.3.2　细沟侵蚀系数的确定

为了确定细沟发育的影响系数,将有细沟发育小区侵蚀模数与对照无细沟发育小区

侵蚀模数的比值定义为细沟侵蚀系数,将有细沟发育的土壤侵蚀方程式(7-3)和无细沟发育的土壤侵蚀方程式(7-7)相除得到细沟侵蚀系数 C 的表达式为

$$C = 0.768G^{1.236}R_E^{-0.213} = 0.768G^{1.236}(PI)^{-0.213} \tag{7-8}$$

用式(7-8)计算细沟侵蚀系数时,除要求土质和密度与试验条件基本相同外,还需考虑坡度变化的影响,本次所得表达式是在 20°坡面情况下得到的,这限制了模型的推广。然而,在水—土界面互作用机制尚未明确的情况下,采用经验法推求出细沟侵蚀系数,是目前估算细沟侵蚀量的较为可行的方法。

7.3.3 模型验证

7.3.3.1 数据处理

用 135 组模拟降雨的试验独立数据预报模型进行验证,在这 135 组模拟降雨试验数据中,既包括有细沟发育的坡面,也包括没有细沟发育的坡面。对于一次侵蚀多次降雨过程中的细沟形态数据,有实测地形数据的节点采用实测地形数据计算形态参数 G 值,无实测地形数据的节点采用插值法获得 G 值。具体的插值方法根据第 6 章"6.4 细沟形态的非线性变化"规律,对两节点之间的形态参数进行非线性插值。

7.3.3.2 修正前模型的验证

经验证,式(7-5)的 R^2 和 E_{NS} 分别为 0.921 和 0.685,验证结果如图 7-3 所示。

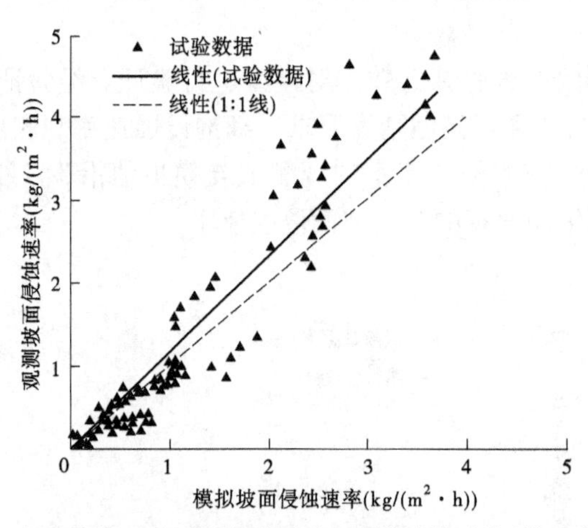

图 7-3 细沟侵蚀速率观测值与式(7-5)模拟值对比(修正前模型)

从图 7-3 可见,修正前的预测方程模拟值较观测值普遍偏小,尤其在侵蚀速率较大时,偏大较为明显。分析其原因主要有以下几方面:

(1)在坡面尚未出现细沟和细沟发育初始阶段,侵蚀速率较小,此时细沟的发育对坡面侵蚀影响较小,随着降雨的持续,细沟沟网发育逐渐成熟,细沟侵蚀加剧,此时若不计入细沟形态变化对坡面侵蚀的影响,会使预测结果有较大误差。

(2)江忠善建立的陡坡地土壤流失预报模型,是以野外裸露基准状态坡面土壤侵蚀模型为基础构建的,而本次试验数据的获取是通过室内模拟降雨试验获取的。野外自然条件下侵蚀状况复杂,虽然研究区域内的土壤侵蚀以水蚀为主,但风蚀、水蚀、冻融等各种侵蚀营力仍然具有交互作用,加之野外土壤条件复杂,土壤前期含水量、结皮、洞穴、人类

活动等因素都会影响侵蚀发展,进而影响最终的观测结果,因此用室内试验数据验证此模型会造成预测数据偏小。

(3)野外降雨情况复杂,雨强时大时小不稳定,而室内模拟降雨试验中雨强恒定,在降雨量、最大30 min雨强相同的情况下,降雨的驱动作用有明显差别,加之野外风吹雨打的情况普遍存在,加剧了降雨的驱动作用,因此模拟结果会较实际观测结果偏小。

7.3.3.3　修正后模型的验证

通过整合式(7-5)、式(7-6)和式(7-8),得到修正后的裸露农地基准状态的陡坡地坡面土壤侵蚀表达式为

$$M_s = 3.914G^{1.236}P^{0.786}I_{30}{}^{2.424}S^{0.880}L^{0.286} \tag{7-9}$$

采用135组模拟降雨的试验独立数据对模型进行验证。经验证,式(7-9)的R^2和E_{NS}分别为0.928和0.911,达到了模型精度要求。细沟侵蚀速率观测值与模拟值的对比见图7-4,结果表明,细沟侵蚀速率的观测值与模拟值沿1∶1线拟合结果较好,表明式(7-9)可用于预测陡坡地坡面土壤侵蚀速率。

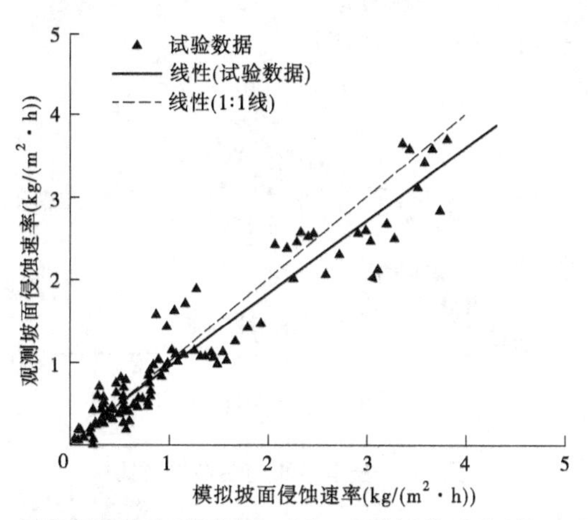

图7-4　细沟侵蚀速率观测值与式(7-9)模拟值对比(修正后模型)

从图7-4可以见,修正后的方程其预报精度优于修正前的方程,决定系数和纳什系数均有所提高,其中E_{NS}由0.685提高至0.911,但在侵蚀发育后期预报结果出现较观测值整体偏小的趋势,究其原因可能与以下两方面有关:

(1)土壤侵蚀作用过程复杂,水流与土体间的互反馈作用强烈,在实际观测与模拟中,各影响因子间的相互作用难以完全剥离,影响了模型的预报精度。

(2)将细沟变化形态耦合进坡面土壤流失预报模型,从一定程度上修正了原有模型的精度,但由于试验组次较少,得到的细沟侵蚀系数可能偏大,放大了细沟发育对坡面侵蚀的影响,对该模型还应进一步验证与完善。

7.3.3.4　模型修正前后数据对比

从图7-5模型修正前后数据对比可以见,修正后的模型当土壤侵蚀速率大于2 kg/(m²·h)时,对预测数据的修正效果较为明显;当土壤侵蚀速率小于2 kg/(m²·h)时,对预测结果影响较小。说明细沟形态参数的加入,对细沟出现后引起的坡面侵蚀产沙变化能起到一定的预测作用,而基本不会影响细沟侵蚀发生前的模型精度,修正后的模型

精度大于 0.9,可用于预测细沟发育前后坡面侵蚀产沙量。

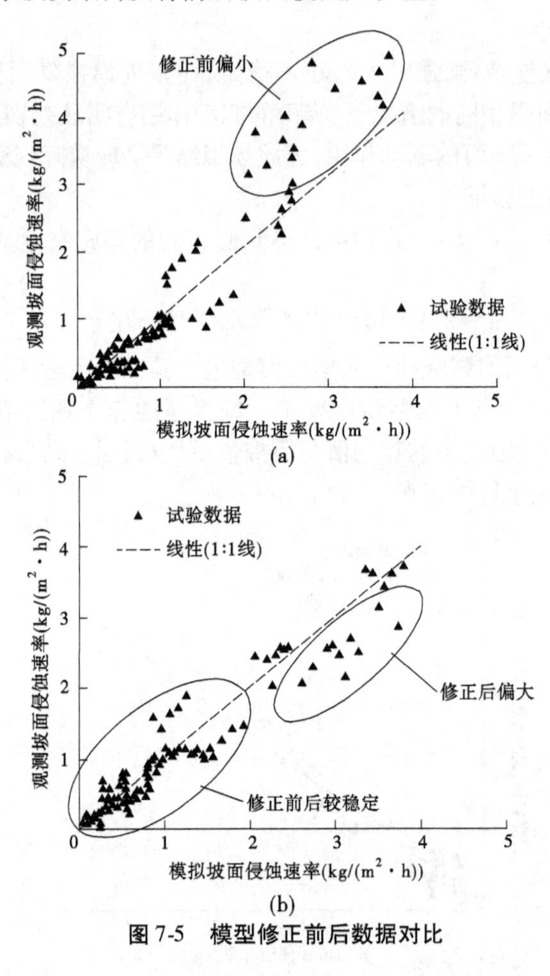

图 7-5　模型修正前后数据对比

7.4　小　结

本章基于模拟降雨试验数据,优选细沟形态特征因子和降雨侵蚀力因子,构建了“降雨—产沙—细沟形态”预报模型,并采用独立的试验数据对模型进行了验证;基于有、无细沟发育模拟试验,根据细沟形态发育特征,以降雨侵蚀力和细沟形态综合量化参数为嵌入参数,将细沟发育状况耦合进了坡面侵蚀预报模型,在江忠善建立的黄土陡坡地土壤流失预报模型的基础上,对模型进行了修正。取得的主要结论如下:

(1)基于细沟形态变化特征,构建了“降雨—产沙—细沟形态”预报模型。以细沟形态和降雨侵蚀力作为影响因子,构建了细沟侵蚀预报模型 $M_r=0.7G^{1.236}R^{0.918}$,验证结果表明,$R^2$ 和 E_{NS} 分别为 0.699 和 0.525,说明该模型可以用于预测坡面细沟侵蚀产沙。

(2)基于无细沟发育的模拟降雨试验数据,建立了无细沟发育状态下黄土坡面细沟侵蚀预报模型。以降雨侵蚀力作为参数,构建了无细沟发育的坡面土壤侵蚀预报模型 $M_r=0.912{R_E}^{1.131}$,验证结果表明,R^2 和 E_{NS} 分别为 0.927 和 0.943,模型预报精度较高,说明该模型可以用于预测无细沟发育状态下坡面土壤侵蚀产沙。

(3)基于有、无细沟发育试验数据对比，得到了细沟发育对细沟侵蚀的影响系数，在陡坡地土壤流失预报模型中嵌入细沟侵蚀系数，修正后的侵蚀泥沙表达式为：$M_s = 3.914G^{1.236}P^{0.786}I_{30}{}^{2.424}S^{0.880}L^{0.286}$，即当坡面侵蚀以细沟侵蚀为主时，充分体现细沟形态发育对细沟侵蚀的贡献，经验证 R^2 和 E_{NS} 分别为0.928和0.911，较修正前模型精度有了显著提高。

(4)将细沟形态参数耦合进坡面土壤流失预报模型，从一定程度上修正了原有模型的精度，但由于经验统计模型适用性较弱，要使模型适用于多种侵蚀环境，就需要从机制入手，深入认识细沟侵蚀过程中坡面产汇流产输沙过程，揭示细沟侵蚀的水动力学机制和坡面径流输沙能力，实现坡面水—土界面互作用过程“白化”，从而构建具有物理成因的坡面土壤流失预报模型。

第8章 坡沟系统侵蚀动态过程实体模拟

8.1 试验模拟系统

试验在水利部黄土高原水土流失过程与控制重点实验室的水土流失试验厅进行，实验室现有坡沟系统模型土槽两套，通过液压顶升装置实现不同坡度的变化。土槽由上、下两个槽体构成，坡度可单独调整，上部槽体模拟梁峁坡的坡面部分，坡度调节范围为0°~30°，下部槽体模拟沟谷坡的沟坡，坡度调节范围为20°~45°；坡沟系统土槽总长10 m，其中坡面和沟坡槽体长均为5 m，土槽总宽3.5 m，由两侧的观测步道和土槽组成，上下两个槽体各含两个1 m宽土槽（见图8-1）。

图8-1 室内坡沟系统概化模型图

依据以往的研究结果和沟间地与沟谷地的坡度组成调查，确定本试验模型的沟坡和坡面的坡度分别为35°和20°。该模型的几何特征为实测投影面积9.60 m^2，总高4.578 m。为满足试验分析需要，将模型的坡面和沟坡分别平均分为P1~P5和G1~G5共10个断面，即每1 m为一个断面，详见概化模型图8-2，坡沟系统模型特征值见表8-1。

为降低试验土槽光滑边壁的影响，槽体底部钻3~5 mm透水孔，并在模型槽体底部固定聚乙烯网格（见图8-3），填土前先垫约2 cm厚粗沙，以降低边壁条件的影响并保证土体的入渗性能。

试验用土为郑州邙山黄土，为消除土壤因素对侵蚀形态发育的影响，填土前先将试验用土过筛（5 mm），填土时严格分层并拍实，使各层土壤密实度均匀，试验填土容重控制在1.22~1.25 g/cm^3（见图8-4）。填土厚度每层控制为10 cm，总填土厚度为45 cm。

供试土样颗粒级配见表8-2。

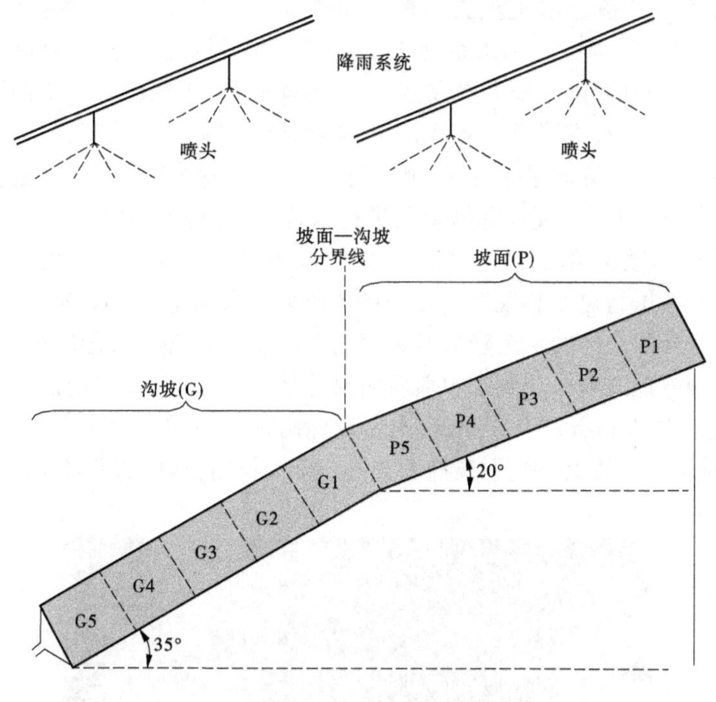

图 8-2　试验概化模型

表 8-1　坡沟系统模型特征值

土槽模型	坡度(°)		斜面长度(m)		总高度(m)	宽度(m)
	沟坡	坡面	沟坡	坡面		
坡沟系统土槽模型	35	20	5	5	4.578	1.000

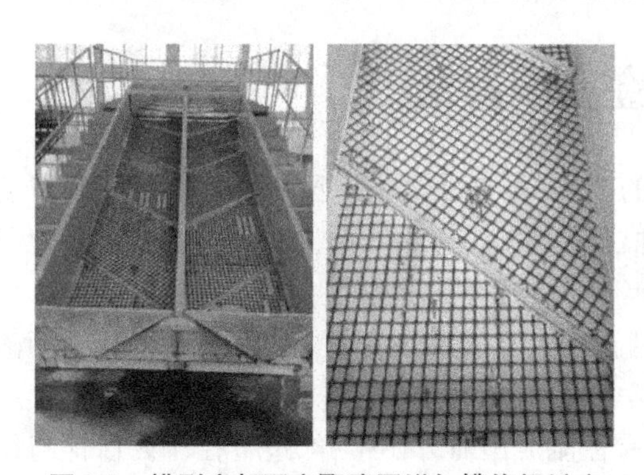

图 8-3　模型底部固定聚酯网增加槽体粗糙度

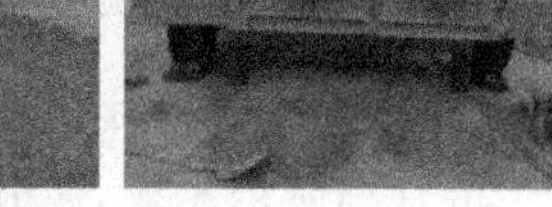

图 8-4　分层填土并压实

表 8-2　供试土样颗粒级配

粒径(mm)	≥1.0	1.0~0.25	0.25~0.05	0.05~0.01	0.01~0.005	0.005~0.001	<0.001
比例(%)	0	1.05	34.45	43.40	4.20	6.40	10.50

试验所用降雨设备是水土流失试验厅的全自动控制人工降雨系统，该降雨系统(TSJY-1)由喷头、压力管道、上水系统等组成，通过控制室的降雨系统可视化界面设置喷头大小、压力参数和降雨时长等参数，可模拟不同雨强、不同时长的降雨。喷头安装位置距地面的高度为22 m，能保证95%以上的雨滴达到匀速下降状态，与自然环境下的降雨具有较高的相似性。降雨系统由30个降雨单元组成，每个降雨单元可通过降雨控制系统单独进行降雨，也可以与其他降雨单元进行组合降雨；每个降雨单元由4组管道(4个阀门分别控制)8排喷头组成，降雨面积为128 m^2，利用降雨系统顶部的观测和维护通道可以方便地对喷头进行更换和检修。坡沟系统所处位置对应17、18号降雨单元，分别开启17号和18号降雨小区的4组降雨喷头就能满足坡沟系统降雨范围需要。

为避免降雨管道或喷头受到水中杂质堵塞等情况的干扰，试验前需先进行雨强率定(见图8-5)，进行喷头和压力组合调试，确定设计雨强区间对应的压力和喷头参数；正式试验时，在试验土槽一侧上、中、下位置各放置一个雨量筒，获取试验场次的全部降雨量作为验证。

图8-5　雨强率定现场照片

8.2　试验观测方法

按设计雨强设定好降雨自动控制系统的喷头、压力及降雨阶段组合。通过降雨自动控制系统设定降雨暂停时间为三维激光扫描预留时间。根据预试验情况，设定第一阶段降雨20 min，停2 min，之后每降雨10 min停2 min，直至达到预期侵蚀发育程度。

(1)安装好激光雨滴谱仪，数据自动进行采集，获取降雨过程线、雨滴大小及雨滴落速。用便携式土壤水分仪测量试验前土壤含水量。

(2)开启降雨系统，试验开始。出水口有径流流出时开始接样，进行径流泥沙样与径流沿程含沙样采集和坡面流速、流宽流深测量(见图8-6)，同时进行侵蚀过程照片采集。

(3)从降雨系统开启到有径流流至径流桶的时间为产流时间，试验结束后记录降雨产流时间及试验总历时。

(4)流速测量：流速采取染色剂示踪法，测量步长为50 cm；记录高锰酸钾溶液滴在径流上通过50 cm距离所需要的时间，据此换算流速；流速测量分断面进行，2～4 min内保证所有断面全部测量完毕。

图 8-6　径流流速及流宽与流深测量

(5)流宽、流深测量:采取直尺法,同流速测量同步,间隔为 2 ~4 min。

(6)径流泥沙样采集:坡沟系统径流泥沙样采取径流桶接样,接样间隔为 2 min,尽量接取 2 min 时间间隔的全部泥沙样(见图 8-7)。径流沿程泥沙样采取针管抽取(见图 8-8),各个断面的泥沙样存放至标有编号的径流瓶内,取样间隔为 2 ~4 min。

图 8-7　采集的坡沟系统径流泥沙样

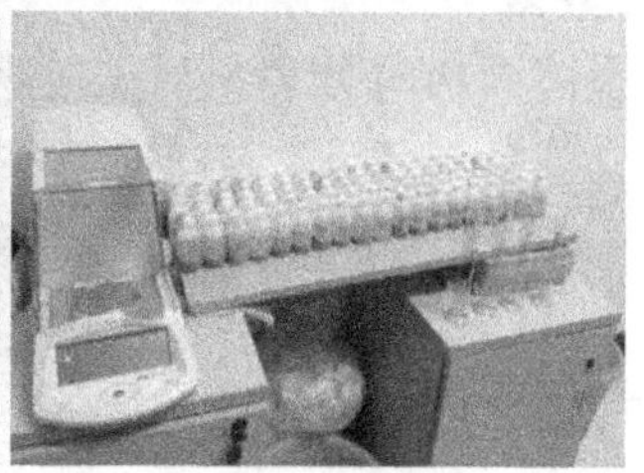

图 8-8　径流沿程含沙量样品及分析

(7)侵蚀发育过程监测:采取三维激光扫描技术获取各降雨时段后的地形点云数据(见图 8-9),并结合常规照相法拍摄侵蚀发育各个阶段的影像。另外,在径流宽与流深测量的同时用直尺测量侵蚀沟深,在表格中记录坡面出现跌坎的位置及时间(见图 8-10),演变成细沟的时间及细沟长、宽、深发育过程等,之后把影像资料和现场记录对比,确定不同时刻的侵蚀发育程度。

2014 年 9 ~11 月,利用坡沟系统模型土槽开展了不同雨强及历时的降雨试验,雨强包括 45 mm/h、52 mm/h、66 mm/h、85 mm/h、110 mm/h、120 mm/h 等,降雨历时最短为 36 min,最长为 140 min。降雨历时长短依据地表土壤侵蚀形态发育情况而定。

试验过程中观测的参数包括径流泥沙样、沿程径流泥沙样、径流流速、径流流宽与流深、坡沟系统地形 DEM 等参数,获取了 277 组包括径流泥沙、径流流速及流宽与流深的常

图 8-9　三维激光扫描仪进行地形扫描

图 8-10　侵蚀形态发育过程观测与记录

规数据和 38 景地形数据。

详细试验设计及降雨历时见表 8-3，试验观测参数及数据见表 8-4。

表 8-3　坡沟系统降雨试验组次设计

<table>
<tr><th>试验场次</th><th>日期
(月-日)</th><th>左右槽</th><th>喷头</th><th>压力
(Pa)</th><th>雨强
(mm/h)</th><th>历时
(min)</th><th>备注</th></tr>
<tr><td>1 场</td><td>09-29</td><td>右槽</td><td>5#喷头</td><td>0.2</td><td>52</td><td>80</td><td>坡面下部塌，坡面汇流渗漏</td></tr>
<tr><td>2 场</td><td>10-12</td><td>右槽</td><td>5#喷头</td><td>0.2</td><td>52</td><td>36</td><td>沟底部滑坡</td></tr>
<tr><td>3 场</td><td>10-12</td><td>左槽</td><td>5#喷头</td><td>0.10</td><td>42</td><td>140</td><td>雨强小，地形发育慢</td></tr>
<tr><td>4 场</td><td>10-18</td><td>左槽</td><td>4#喷头</td><td>0.04</td><td>85</td><td>62</td><td rowspan="4">地形扫描：第一阶段为 20 min，之后均为 10 min 间隔</td></tr>
<tr><td>5 场</td><td>10-18</td><td>右槽</td><td>4#喷头</td><td>0.08</td><td>110</td><td>70</td></tr>
<tr><td>6 场</td><td>10-26</td><td>右槽</td><td>3#喷头</td><td>0.06</td><td>120.8</td><td>67</td></tr>
<tr><td>7 场</td><td>10-26</td><td>左槽</td><td>5#喷头</td><td>0.20</td><td>66</td><td>100</td></tr>
</table>

表 8-4　坡沟系统试验观测参数及数据量

试验场次	日期(月-日)	雨强(mm/h)	观测项目	增测项目	数据量
1 场	09-29	52	径流泥沙样、流速、流宽与流深、地形 DEM		40 组径流泥沙数据、径流流宽与流深及流速数据,4 景地形数据
2 场	10-12	52	径流泥沙样、流速、流宽与流深、地形 DEM		18 组径流泥沙数据、径流流宽与流深及流速数据,2 景地形数据
3 场	10-12	42	径流泥沙样、流速、流宽与流深、地形 DEM	沿程泥沙样	70 组径流泥沙数据、径流流宽与流深及流速数据,7 景地形数据
4 场	10-18	85	径流泥沙样、流速、流宽与流深、地形 DEM	沿程泥沙样	31 组径流泥沙数据、径流流宽与流深及流速数据,5 景地形数据
5 场	10-18	110	径流泥沙样、流速、流宽与流深、地形 DEM	沿程泥沙样	35 组径流泥沙数据、径流流宽与流深及流速数据,6 景地形数据
6 场	10-26	120.8	径流泥沙样、流速、流宽与流深、地形 DEM	沿程泥沙样	33 组径流泥沙数据、径流流宽与流深及流速数据,5 景地形数据
7 场	10-26	66	径流泥沙样、流速、流宽与流深、地形 DEM	沿程泥沙样	50 组径流泥沙数据、径流流宽与流深及流速数据,9 景地形数据

8.3　数据分析方法

8.3.1　侵蚀形态数据处理与分析

以 ArcGIS 软件为分析平台,将获取的地形 DEM 点云数据转换为 Grid 数据,利用 ArcToolbox 中 3D Analyst 的栅格表面的挖填方计算功能,以坡沟系统原始地形 Grid 数据为基准,分别计算每一阶段降雨后的侵蚀量,并通过“数据管理工具”中“栅格数据处理”的“裁剪”工具将坡沟系统按坡面、沟坡及断面进行切割,进而获取坡沟系统不同部位的侵蚀量分布数据,分析流程见图 8-11。

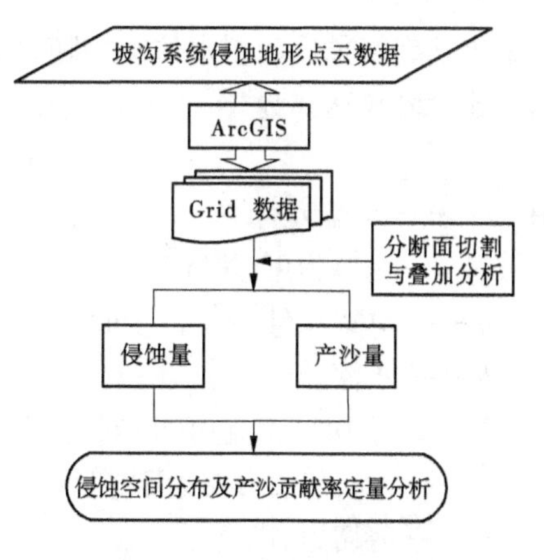

图 8-11　ArcGIS 分析流程图

侵蚀形态分形盒维数根据 Mandelbrot(曼德勃罗)的定义,空间维数 D 可表达为边长为 r 尺度度量的物体的数量 n 的对数关系,表达式(李水根,2004)如下

$$D = -\frac{\ln n}{\ln r} \tag{8-1}$$

8.3.2 侵蚀能量参数分析

目前,研究现状中,有关降雨、径流能量及水动力参数研究主要采取流速、径流剥蚀率、水流功率、剪切力、降雨侵蚀力、径流能耗等,结合人工模拟降雨试验观测参数和研究需要,经过预分析筛选,本次主要选取以下几种参数进行分析。

(1)流速。

试验过程中记录了高锰酸钾染色剂滴在坡面径流上通过 50 cm 所需要的时间,据此换算坡沟侵蚀过程中各断面的坡面径流流速,换算公式为:

$$U = \frac{0.5}{t} \tag{8-2}$$

式中 U——径流流速,m/s;

0.5——高锰酸钾染色剂滴在坡面径流上通过的距离为 0.5 m;

t——高锰酸钾染色剂滴在坡面径流上通过 50 cm 所需要的时间,s。

(2)径流剥蚀率。

径流剥蚀率指坡面径流剥蚀土壤的速率,即单位过流面积和单位时间内坡面径流剥离土壤的质量。计算公式为

$$D_{ri} = \frac{W_i}{A_i} \tag{8-3}$$

式中 D_{ri}——第 i 时段坡面径流剥蚀率,g/(s·m²);

W_i——第 i 时段单位时间的产沙量(用侵蚀量代替),g/s;

A_i——第 i 时段坡面平均过流面积,m²。

(3)水流功率。

水流功率指单位面积水体势能随时间的变化率,表征一定高度的水体顺坡流动时具有的势能。其表达式为

$$\omega = \gamma qJ = \gamma hUJ = \tau U \tag{8-4}$$

式中 ω——水流功率,N/(m·s);

γ——水体密度,N/m³;

q——单宽流量,m³/(s·m);

h——水深,m;

U——平均径流流速,m/s(说明:具体计算时采用多个测点的平均流速);

J——径流能波,取地面坡度的正切值,无量纲;

τ——剪切力,Pa。

(4)径流剪切力。

径流剪切力是坡面地表遭受径流冲刷而导致土壤颗粒分散和输移的重要外力,是建立土壤侵蚀过程模型重要的水动力学参数。剪切力 τ 计算公式为

$$\tau = \gamma RJ \approx \gamma hJ \tag{8-5}$$

式中　各参数意义同前。

(5)降雨侵蚀力(雨量)。

降雨侵蚀力是用以表示降雨侵蚀作用能力大小的指标,用 R 表示。它并非是物理学中“力”的概念,而是由易测的降雨量、降雨强度统计计算出来的指标。根据动能降雨强度模型采取 PI 指标来计算次降雨侵蚀力,代表场次降雨的累积侵蚀作用的大小(用 PI_{30} 代替 EI_{30},而试验条件下,PI_{30} 即 PI)。其计算公式为

$$R_i = P_i I \tag{8-6}$$

式中　R_i——第 i 时刻降雨侵蚀力,mm · mm/min;

P_i——第 i 时刻累积雨量,mm;

I——场次降雨平均雨强,mm/min。

8.3.3　水沙参数分析

(1)含沙量。

含沙量用单位体积径流量所含的干泥沙质量表示,单位为 kg/m^3。其计算公式为

$$Q_s = \frac{W_i}{V_i} \tag{8-7}$$

式中　Q_s——含沙量;

V_i——径流量;

其他参数意义同前。

(2)产沙系数。

参考刘晓燕等(2014,2015)改进的计算方法,产沙系数用单位汇流面积单位降雨量的产沙量表示,表征降雨及汇流产沙能力的大小,单位为 g/(m^2 · mm)。其计算公式为

$$\xi = \frac{W_i}{A_i P_i} \tag{8-8}$$

式中　ξ——产沙系数;

其他参数意义同前。

结合降雨侵蚀发育过程观测,主要以数据系列完整、侵蚀发育阶段明显的 3 场典型性降雨过程为主进行分析研究和成果汇总。

8.4　小　结

本章主要对研究内容和研究方法进行了概述,对坡沟系统模型土槽的性能、尺寸和模拟降雨系统的原理与性能指标等进行了描述,对下垫面模拟方法和控制指标进行了介绍,主要介绍了模拟降雨试验场次的参数控制及模拟雨型、试验观测内容等。

针对研究内容涉及的地形参数、侵蚀能量参数、水沙参数的观测和分析方法分别进行了介绍。

第9章 坡沟系统侵蚀空间分布及形态演变

9.1 坡沟系统侵蚀演变过程TIN数据比较

对比相同降雨历时、不同雨强条件下的TIN数据图像(见图9-1),可以看出,不同雨强的降雨对坡沟系统的侵蚀空间分布影响明显,且随降雨过程的延续,坡沟系统侵蚀发育进程也有明显不同。相对于66 mm/h雨强来说,85 mm/h和120 mm/h降雨条件下,坡沟系统侵蚀发育空间分布范围较大,且随降雨过程的延续,坡沟系统的侵蚀发育进程较快。从降雨时段来看,不同雨强条件下的侵蚀发育过程也有明显差异:

(1)降雨20 min后的TIN数据图像如图9-1所示。66 mm/h雨强条件下,坡面侵蚀发育不明显,仅在沟坡与坡面过渡区域有跌坎形成,而85 mm/h和120 mm/h雨强条件下的侵蚀形态发育则比较明显。

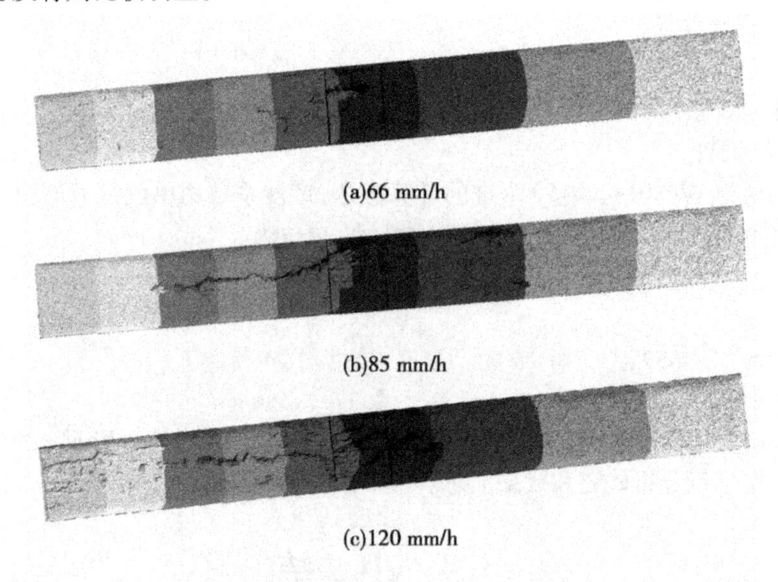

图9-1 降雨20 min后的TIN图像对比

(2)降雨30 min后的TIN数据图像如图9-2所示。细沟产生,串珠状跌坎连成串,细沟溯源与扩宽侵蚀现象开始出现,且雨强越大,发育越明显。

(3)降雨40 min后的TIN数据图像如图9-3所示。66 mm/h雨强条件下,侵蚀主要发生在坡面与沟坡过渡区域,85 mm/h与120 mm/h雨强条件下,坡面中下部及沟坡中部侵蚀也较明显。

(4)降雨50 min后的TIN数据图像如图9-4所示。侵蚀沟继续向宽深发展,除66

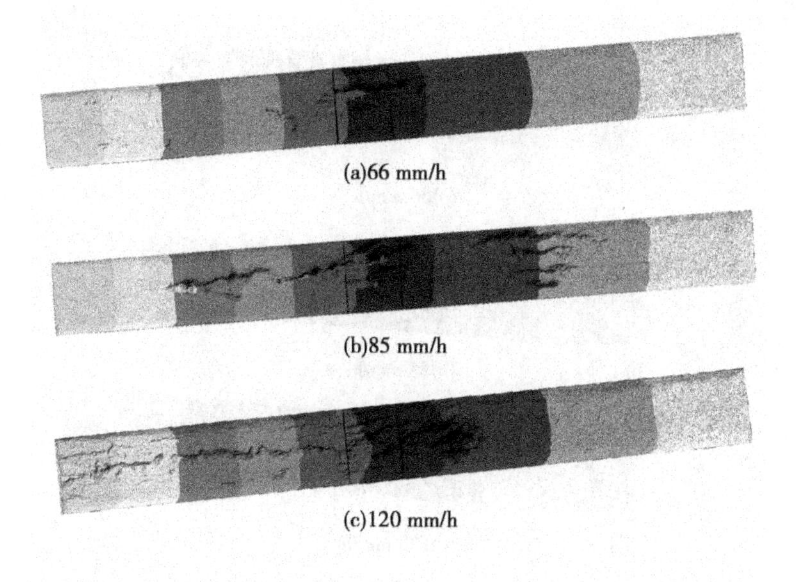

图9-2　降雨30 min后的TIN图像对比

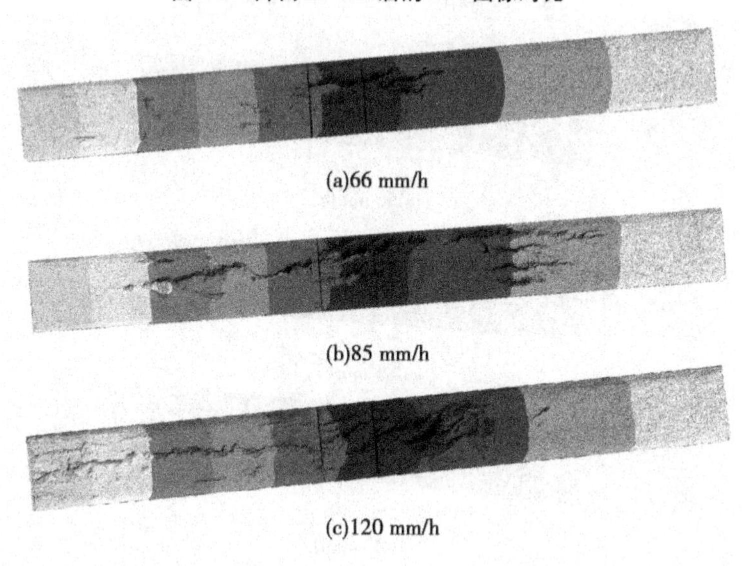

图9-3　降雨40 min后的TIN图像对比

mm/h雨强外,85 mm/h与120 mm/h雨强条件下,浅沟形态基本形成。

(5)降雨60 min后的TIN数据图像如图9-5所示。3种雨强条件下,坡沟系统侵蚀形态差异明显,具有不同的侵蚀时空分布特征。

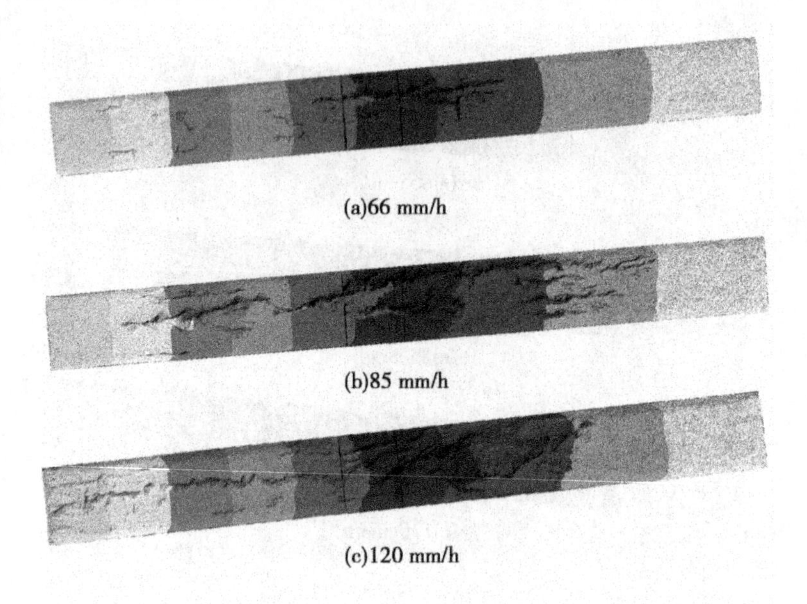

(a)66 mm/h

(b)85 mm/h

(c)120 mm/h

图 9-4 降雨 50 min 后的 TIN 图像对比

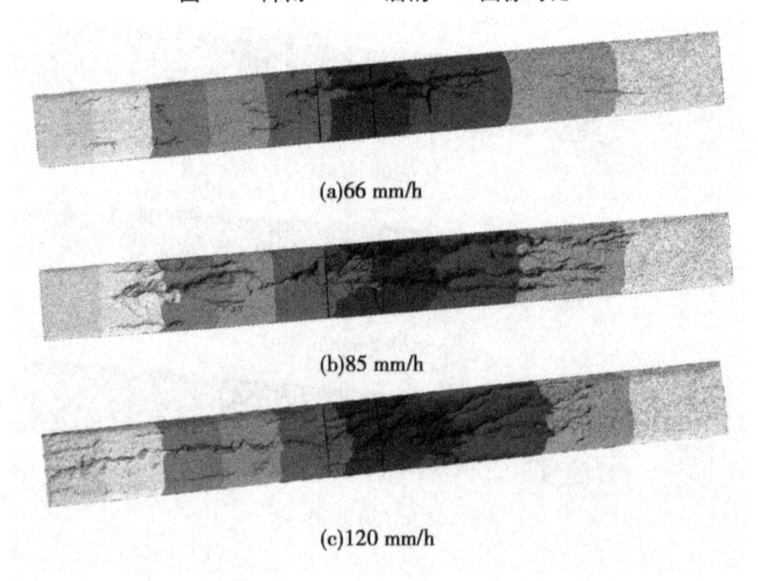

(a)66 mm/h

(b)85 mm/h

(c)120 mm/h

图 9-5 降雨 60 min 后的 TIN 图像对比

9.2 侵蚀发育时空分布特征

为了便于三维激光扫描和采集降雨过程的侵蚀形态数据，在降雨过程中采取每 10 min 获取一次地形的方式进行降雨试验(第一阶段为 20 min)，可分析侵蚀分布随降雨持续的时序分布特征；将坡沟系统的坡面部分从坡面顶部至坡底划分为 P1 ~ P5，将沟坡部分从沟坡顶部到沟底划分为 G1 ~ G5，整个坡沟系统从坡顶到沟底等距离(斜面长 1 m)划分为10个断面,可分析侵蚀发育的空间分布特征。

以FARO Focus 3D高精度三维激光扫描仪获取的坡沟系统不同侵蚀发育阶段的地形Grid数据为基础,借助ArcGIS软件中Arc Toolbox的3D Analyst工具和数据管理工具模块的分析功能,从时间和空间角度分别对坡沟系统侵蚀发育过程进行量化分析。计算各降雨阶段内坡沟系统坡面、沟坡以及各断面的侵蚀量分布数据;在此基础上,以坡沟系统出口径流泥沙样置换得出的总产沙量为准,将产沙量按侵蚀量分布比例还原到坡沟系统各时段及各断面中,可辨析侵蚀强烈阶段和侵蚀强烈断面及其对整个坡沟系统产沙的贡献程度。

9.2.1　66 mm/h雨强条件下坡沟系统侵蚀时空分布特征

66 mm/h雨强的模拟降雨试验历时100 min,在9个降雨时段产沙(第一个时段为20 min,之后均为10 min)和9次雨后点云数据分析的基础上,获取66 mm/h雨强条件下的不同降雨时段坡沟系统空间侵蚀过程(见表9-1),从降雨时段来看,前20 min,坡沟系统的侵蚀量为15.87 kg,之后3个时段(20~30 min、30~40 min、40~50 min)的侵蚀量分别为19.45 kg、19.79 kg、16.89 kg,50 min以后的5个时段侵蚀量出现增加趋势,坡沟系统每个时段的侵蚀量均在20 kg以上,最大时段侵蚀量为35.98 kg。从空间分布过程来看,整个场次坡面和沟坡的侵蚀量总体相当,其中坡面的侵蚀量以P2、P4和P5断面较高,沟坡的侵蚀量以上部G1、G2和G3断面较高,沟坡底部侵蚀量变低可能与模型底部钢板的存在抬高了侵蚀基准面有关。

从时间过程看(见图9-6),66 mm/h雨强条件下,坡沟系统侵蚀量处于波动增加的过程,不同时段,侵蚀活跃部位发生的断面也不同。如降雨前60 min,侵蚀活跃部位从G1断面到P5断面,再到P4断面,说明侵蚀沟溯源侵蚀向坡面上部发展,侵蚀活跃部位逐渐发展到P4断面,且以坡面和沟坡过渡带附近断面侵蚀最明显;降雨60 min以后,坡面侵蚀活跃部位继续向坡面上部发展,至坡面的P2断面,沟坡部分的细沟溯源侵蚀也逐渐活跃起来,侵蚀活跃部位从G3断面逐渐发展到G1断面,且在坡面和沟坡分别形成两个侵蚀明显区域,在整个坡面系统中,形成以P2断面和G1~G3断面为中心的两个侵蚀活跃区域。

从空间过程看(见图9-7),整个试验过程,以沟坡上部的G1断面和坡面中上部的P1断面侵蚀量较明显,其中从坡面的P4断面到沟坡的G2断面形成了以坡沟过渡区域为中心的强烈侵蚀中心,总侵蚀量达次降雨侵蚀量的60.39%(每个断面平均达15.10%),随着降雨试验的持续,坡面部分的侵蚀活跃部位发展到P2断面,最终导致P2断面的侵蚀量达次降雨侵蚀总量的15.48%,因此在66 mm/h雨强的长历时降雨事件中,裸露的坡沟系统地貌单元中,坡沟连接处的侵蚀最易发生。

表 9-1　坡沟系统侵蚀时空分布特征(66 mm/h)

降雨时段(min)	坡面(kg)					沟坡(kg)					小计(kg)
	P1	P2	P3	P4	P5	G1	G2	G3	G4	G5	
0～20	0.97	1.14	1.26	0.91	4.45	9.49	0.40	-0.78*	-0.80*	-1.16*	15.87
20～30	-0.06*	0.39	0.70	0.34	9.12	3.04	0.03	1.80	2.42	1.67	19.45
30～40	-0.01*	0.32	0.75	6.31	5.55	1.63	1.66	1.60	1.22	0.75	19.78
40～50	0.04	0.07	2.56	7.59	2.32	2.61	1.10	0.40	0.45	-0.26	16.88
50～60	0.65	1.18	2.38	8.74	3.52	4.20	2.07	1.79	1.16	0.13	25.82
60～70	0.41	4.04	2.54	2.33	1.36	1.30	3.61	8.29	1.15	0.58	25.61
70～80	0.80	9.47	0.86	0.71	-0.25*	3.78	10.26	6.86	1.18	0.57	34.24
80～90	1.07	7.67	1.10	0.11	1.50	7.77	6.03	-0.17*	-0.88*	-0.95*	23.25
90～100	2.99	9.29	4.32	1.12	3.45	7.59	5.25	0.38	0.78	0.80	35.97
合计	6.86	33.57	16.47	28.16	31.02	41.41	30.41	20.17	6.68	2.13	216.88

注:标注*的为淤积量。

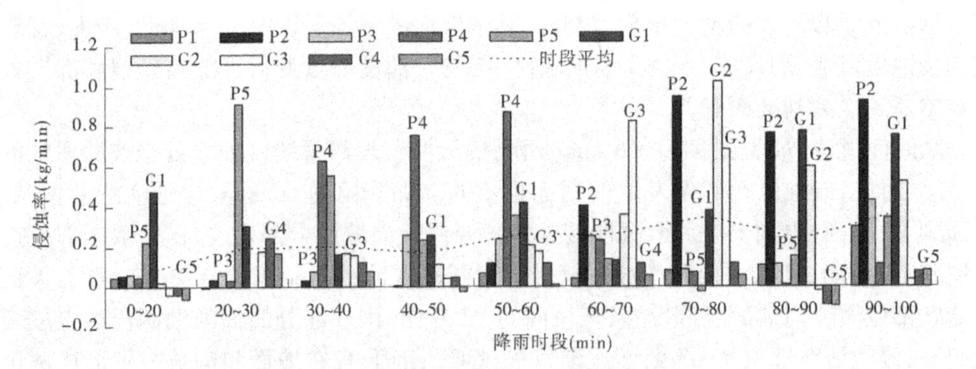

图 9-6　各时段侵蚀空间分布特征(66 mm/h)

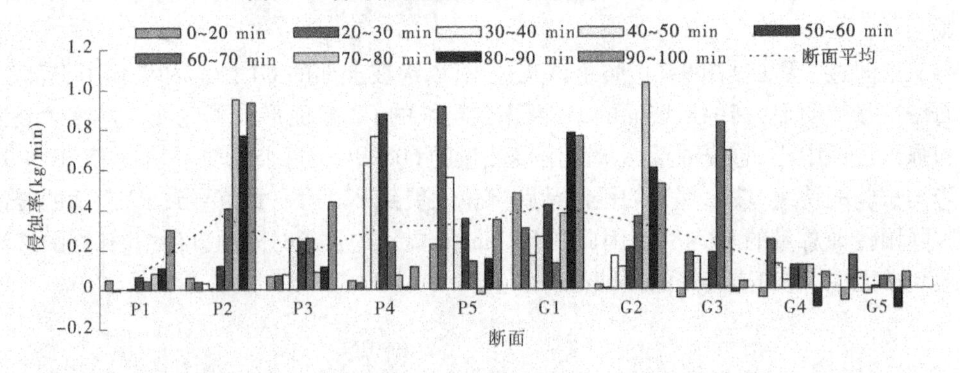

图 9-7　各断面侵蚀分布过程特征(66 mm/h)

9.2.2　85 mm/h 雨强条件下坡沟系统侵蚀时空分布特征

85 mm/h 雨强的模拟降雨试验历时 60 min,在 5 个降雨时段产沙(第一个时段为 20 min,之后均为 10 min)和 5 次雨后点云数据分析的基础上,获取 85 mm/h 雨强条件下的不同降雨时段坡沟系统空间侵蚀过程。

在坡沟系统侵蚀量空间分布上,以坡面底部 P5 断面的侵蚀量最高,达 273.83 kg,坡面中下部 P4 断面的侵蚀量次之,为 132.70 kg,接下来为沟坡顶部 G1 断面和沟坡中部 G3 断面等部位,见表 9-2。

表 9-2　坡沟系统侵蚀时空分布特征(85 mm/h)

降雨时段(min)	坡面(kg)					沟坡(kg)					小计(kg)
	P1	P2	P3	P4	P5	G1	G2	G3	G4	G5	
0~20	1.88	3.68	7.20	14.28	17.88	45.63	15.93	16.96	12.47	10.33	146.24
20~30	0.21	0.19	24.92	6.45	54.24	6.23	6.64	21.33	0.42	-2.49*	118.14
30~40	0.72	5.67	17.57	9.33	63.03	3.68	9.57	14.79	8.54	4.80	137.70
40~50	0.13	4.94	10.36	41.11	75.78	14.50	7.20	15.85	9.72	2.83	182.42
50~60	-1.65*	4.81	7.29	61.52	62.92	19.26	10.28	18.76	30.22	0.36	213.77
合计	1.29	19.29	67.34	132.69	273.85	89.30	49.62	87.69	61.37	15.83	798.27

注:标注 * 的为淤积量。

在不同的降雨时长条件下侵蚀发育的活跃部位不同,如图 9-8 所示。在降雨的前 20 min 时段内,坡面底部 P5 断面的侵蚀量最大,整个坡沟系统以面蚀为主;随着降雨历时的推进,坡沟系统空间侵蚀量出现 2~3 个活跃部位,如在 20~30 min、30~40 min 时段,G1、P3、G3 断面的侵蚀量较明显,在 40~50 min 和 50~60 min 降雨时段,以沟坡上部 G1~G2 断面和坡底部至坡中部为中心出现两个侵蚀高值区域。

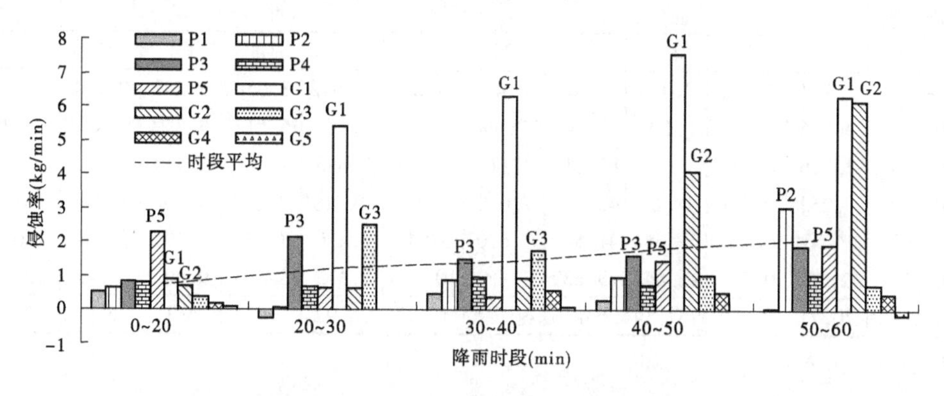

图 9-8　坡沟系统侵蚀空间分布随降雨时段的变化(85 mm/h)

从空间侵蚀分布情况可以看出(见图 9-9),从坡顶(P1 断面)到沟底(G5 断面),坡沟系统侵蚀空间分布不均衡,从各断面合计看,以坡面中下部为中心是首个侵蚀易发多发区域(P3~G2 断面),其中坡面底部(P5 断面)侵蚀量最大;沟坡中部(G3 断面)附近为第二个侵蚀易发区域，其中以沟坡中部（G3 断面）的侵蚀最明显。

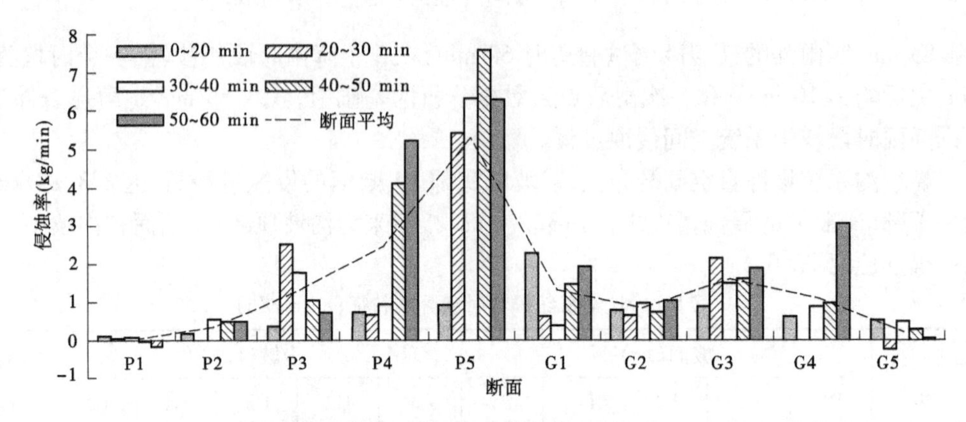

图 9-9　坡沟系统侵蚀空间分布特征（85 mm/h）

在坡沟系统侵蚀量空间分布上，以坡面底部 P5 断面的侵蚀量最高，坡面中下部的侵蚀量次之，接下来为沟坡中部、沟坡顶部等部位。从坡顶到沟底，坡沟系统侵蚀空间分布呈双峰曲线，第一峰出现在 P5（坡面底部），第二峰出现在 G3（沟坡中部）。

9.2.3　120 mm/h 雨强条件下坡沟系统侵蚀时空分布特征

120 mm/h 的大雨强模拟降雨试验历时 70 min，在 6 个降雨时段产沙（第一个时段为 20 min，之后均为 10 min）和 6 次雨后点云数据分析的基础上，获取 120 mm/h 雨强条件下的不同降雨时段坡沟系统空间侵蚀过程（见表 9-3），从降雨时段来看，前 20 min 降雨，坡沟系统的侵蚀量为 120.86 kg，之后 5 个时段（20 ~ 30 min、30 ~ 40 min、40 ~ 50 min、50 ~ 60 min、60 ~ 70 min）的侵蚀量分别为 99.67 kg、115.13 kg、162.64 kg、166.67 kg、207.93 kg，随降雨历时的增加，坡沟系统侵蚀量总体处于增加趋势。

表 9-3　坡沟系统侵蚀时空分布特征（120 mm/h）

降雨时段（min）	坡面（kg）					沟坡（kg）					小计
	P1	P2	P3	P4	P5	G1	G2	G3	G4	G5	
0 ~ 20	2.164	1.232	7.996	11.072	38.416	24.634	13.612	8.058	3.772	9.904	120.86
20 ~ 30	2.636	0.978	6.606	46.843	17.096	2.487	1.383	5.517	5.859	10.263	99.668
30 ~ 40	2.716	0.352	11.337	87.818	3.115	0.972	1.345	1.384	1.415	4.678	115.132
40 ~ 50	3.253	0.761	106.673	42.779	7.010	2.014	-0.518*	-0.259*	-0.574*	1.504	162.643
50 ~ 60	17.564	0.709	77.684	41.589	7.670	3.840	3.430	3.334	3.105	7.744	166.669
60 ~ 70	42.377	0.591	46.843	33.232	6.960	10.218	7.672	8.483	9.602	41.954	207.932
合计	70.71	4.62	257.14	263.33	80.27	44.17	26.92	26.52	23.18	76.05	872.904

注：标注 * 的为淤积量。

从空间分布过程来看，前 20 min 降雨，坡面和沟坡的侵蚀量总体相当，之后，侵蚀发育向坡面及坡面上部溯源侵蚀，坡面的侵蚀量明显大于沟坡的侵蚀量，其中以坡面的 P3 断面最大，P4 断面的侵蚀量次之，然后为 P5 和 P1 断面，坡面部分仅 P2 断面侵蚀量较小（见图 9-10）。

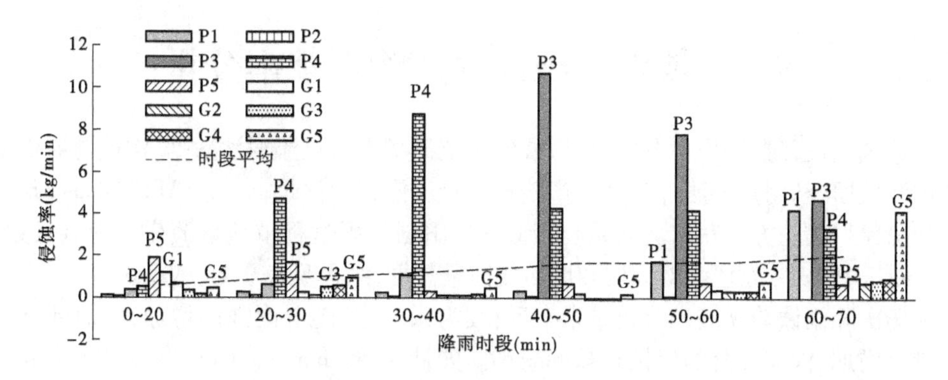

图9-10　各时段侵蚀空间分布特征(6场-120 mm/h)

从时间过程看,120 mm/h降雨条件下,坡沟系统侵蚀量处于波动增加的过程,其中各个断面侵蚀重点贡献断面也有不同,如降雨前20 min,侵蚀重点部位在坡沟过渡区域。从20~30 min开始,侵蚀重点部位开始向坡面上部转移。至30~40 min、40~50 min两个时段,坡沟系统的侵蚀主要来自坡面,如30~40 min阶段,侵蚀重点部位为坡面的P4断面,该断面侵蚀量占坡沟系统总侵蚀量的76.28%,是坡面侵蚀占总侵蚀量91.49%主要贡献者。至40~50 min阶段,侵蚀量主要来自于坡面的P3断面,占坡沟系统总侵蚀量的65.59%,该时段,坡面侵蚀量占总侵蚀量的98.67%。在50~60 min和60~70 min降雨时段,坡面顶部P1断面的侵蚀量对坡沟系统的贡献率由10.54%增加到20.38%,P3和P4断面的侵蚀贡献率由71.56%降到38.51%,该时段坡面侵蚀的贡献率由87.13%降低到62.52%,沟坡部分的侵蚀贡献率由12.87%上升到37.48%。整个降雨试验过程,来自坡面部分各断面的侵蚀量占坡沟系统总侵蚀量的77.45%,沟坡部分侵蚀量仅占坡沟系统总侵蚀量的22.55%。

从空间过程看(见图9-11),整个试验过程,坡面部分P3、P4断面的侵蚀量最多,总侵蚀量分别达257.14 kg和263.33 kg,分别占坡沟系统总侵蚀量的29.46%和30.17%。接下来侵蚀量偏多的断面分别为P5、G5和P1断面。随着降雨试验的持续,坡面部分P3和P4断面的侵蚀量先增加后减少,P1断面的侵蚀量在降雨50 min之后出现陡增现象,说明侵蚀已溯源至坡面顶部。在大雨事件中,裸露的坡沟系统地貌单元,坡面中下部侵蚀最严重。

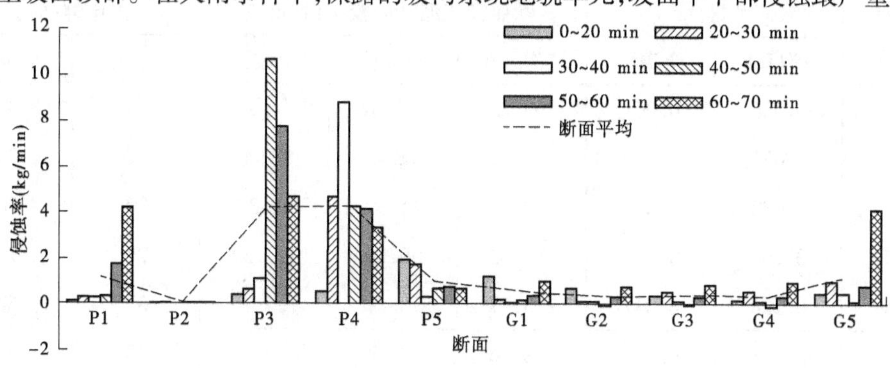

图9-11　坡沟系统侵蚀空间分布特征

9.3　坡沟系统侵蚀产沙贡献率分析

根据试验设置数据采集方案，获得坡沟系统模型出口径流泥沙数据、沟坡与坡面沿程径流泥沙数据，利用置换法计算产流产沙量和径流沿程含沙量；通过 FARO Focus 3D 三维激光扫描仪扫描的方式获取坡沟系统模型三种雨强降雨过程中地形演变过程点云数据，利用 ArcGIS10 软件处理获得沟坡和坡面侵蚀量数据，结果见表 9-4 ~ 表 9-6。

从场次降雨试验观测和分析结果来看，坡沟系统中，随着雨强的增加，坡面部分的侵蚀贡献率增加，沟坡部分的侵蚀贡献率减小。如针对 66 mm/h、85 mm/h 和 120 mm/h 场次降雨来说，坡面部分的侵蚀贡献率分别为 55%、62% 和 77%，沟坡部分的侵蚀贡献率分别为 45%、38% 和 23%。

表 9-4　66 mm/h 雨强条件下坡面和沟坡侵蚀贡献率分析

降雨时段 (min)	侵蚀量(m^3)		参照径流泥沙样校正后(kg)			占比例(%)	
	坡沟系统	全沟坡	坡沟系统	全沟坡	全坡面	全沟坡	全坡面
0 ~ 20	0.019	0.009	15.87	7.14	8.73	45	55
20 ~ 30	0.023	0.011	19.45	8.97	10.48	46	54
30 ~ 40	0.024	0.008	19.79	6.86	12.93	35	65
40 ~ 50	0.020	0.005	16.89	4.31	12.58	26	74
50 ~ 60	0.031	0.011	25.81	9.35	16.47	36	64
60 ~ 70	0.031	0.018	25.62	14.93	10.68	58	42
70 ~ 80	0.041	0.027	34.23	22.65	11.58	66	34
80 ~ 90	0.028	0.014	23.26	11.80	11.46	51	49
90 ~ 100	0.043	0.018	35.98	14.81	21.17	41	59
合计	0.26	0.12	216.90	100.82	116.08	46	54

表 9-5　85 mm/h 雨强条件下坡面和沟坡侵蚀贡献率分析

降雨时段 (min)	侵蚀量(m^3)		参照径流泥沙样校正后(kg)			占比例(%)	
	坡沟系统	全沟坡	坡沟系统	全沟坡	全坡面	全沟坡	全坡面
0 ~ 20	0.088	0.061	146.25	101.32	44.92	69	31
20 ~ 30	0.071	0.019	118.12	32.12	86.00	27	73
30 ~ 40	0.082	0.025	137.70	41.39	96.32	30	70
40 ~ 50	0.109	0.030	182.42	50.10	132.32	27	73
50 ~ 60	0.128	0.047	213.77	78.88	134.89	37	63
合计	0.478	0.182	798.26	303.81	494.45	38	62

表9-6　120 mm/h雨强条件下坡面和沟坡侵蚀贡献率分析

降雨时段 (min)	侵蚀量(m^3)		参照径流泥沙样校正后(kg)			占比例(%)	
	坡沟系统	全沟坡	坡沟系统	全沟坡	全坡面	全沟坡	全坡面
0~20	0.061	0.030	119.11	59.33	59.78	50	50
20~30	0.051	0.013	100.35	25.54	74.81	25	75
30~40	0.059	0.005	114.30	9.34	104.96	8	92
40~50	0.078	0.001	151.71	2.11	149.60	1	99
50~60	0.078	0.010	151.16	19.53	131.62	13	87
60~70	0.121	0.046	236.27	89.43	146.84	38	62
合计	0.448	0.105	872.90	205.28	667.61	24	76

坡沟系统作为一个连续的整体,出口的产沙量是由坡面和沟坡的侵蚀量共同贡献的。通过ArcGIS 10对试验过程中的地形点云数据进行裁剪和叠加分析,获取坡面和沟坡的侵蚀量及其贡献率随降雨历时的变化过程,结果见图9-12~图9-14。

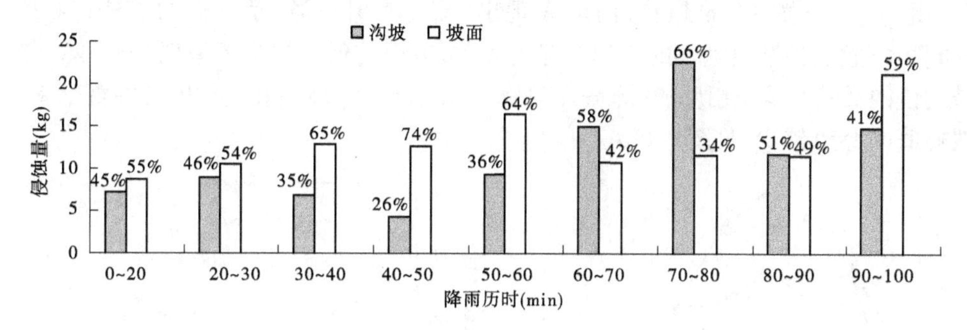

图9-12　坡沟系统中坡面和沟坡侵蚀量时空分布情况(66 mm/h)

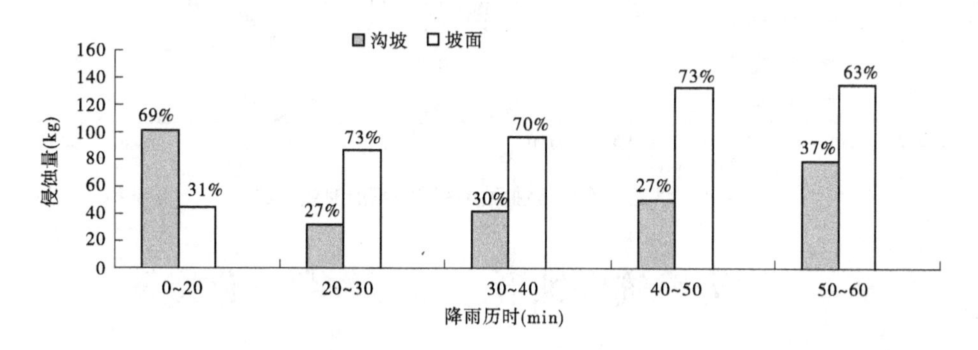

图9-13　坡沟系统中坡面和沟坡侵蚀量时空分布情况(85 mm/h)

从场次降雨各时段的侵蚀贡献率变化过程来看,试验条件下,在降雨过程的不同阶段,坡面和沟坡侵蚀产沙贡献率不同,且降雨强度不同,坡面和沟坡侵蚀贡献率大小的转折出现时间早晚也不同。随降雨历时的增加,坡面及沟坡对于坡沟系统的侵蚀贡献率大小呈波动变化现象,说明坡面和沟坡之间存在能量的传递和物质的交换。如66 mm/h降雨过程,坡面的侵蚀贡献率呈现“升—降—升”趋势,沟坡的侵蚀贡献率变化趋势随之也

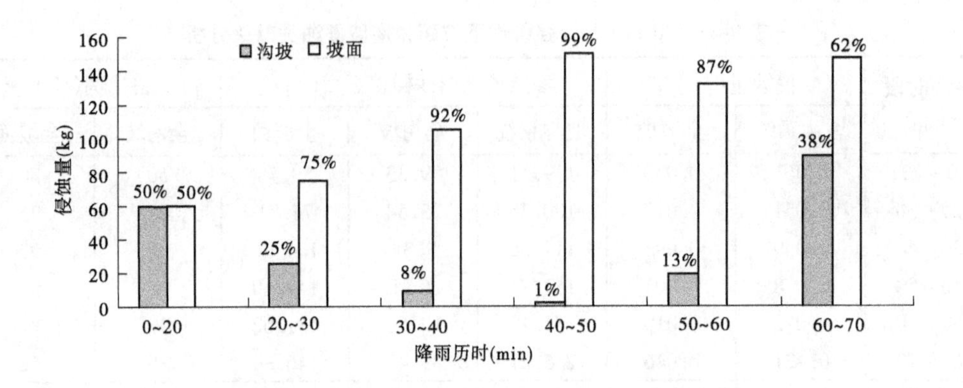

图 9-14 坡沟系统中坡面和沟坡侵蚀量时空分布情况(120 mm/h)

表现为“升—降—升—降—升”的趋势,但在时段上与坡面“错峰呼应”;对于 85 mm/h 降雨过程,坡面及沟坡侵蚀贡献率变化趋势“错峰呼应”的现象更加突出,如坡面表现出“升—微降—升—微降”的趋势,沟坡表现出“降—微升—降—微升”的趋势;对于 120 mm/h 降雨过程,侵蚀贡献率的变化趋势更简单,坡面的侵蚀贡献率呈现“升—降”趋势,沟坡的侵蚀贡献率呈现相反的“降—升”趋势。雨强越大,坡面和沟坡的侵蚀贡献率变化曲线峰值(拐点)越少(见图 9-15)。

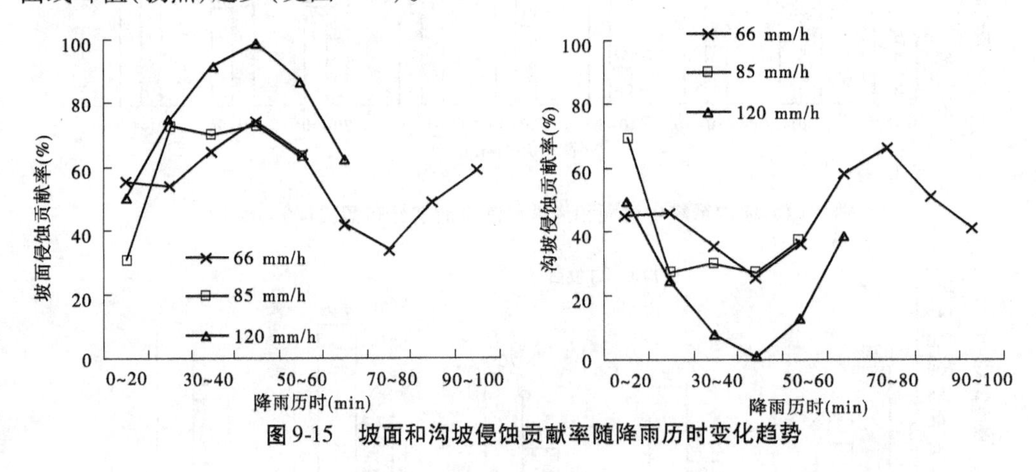

图 9-15 坡面和沟坡侵蚀贡献率随降雨历时变化趋势

9.4 坡沟系统侵蚀形态分形维数量化特征

本次计算选择的网格边长 r 的变化范围为 $1\times1\sim100\times100$,利用 ArcGIS 软件的对栅格数据进行重分类和重采样,采取属性查询功能统计相应边长 r 下对应的网格数量 N,建立网格边长 r 与网格数量 N 之间的对数关系。拟合发现,$\ln N$ 与 $\ln r$ 满足线性关系 $\ln N(r)=a\ln r+b$,根据分形维数计算原理,斜率 a 的绝对值即为分形维数值,分形维数反映了侵蚀形态随网格尺度变小而展开的速率,一定程度上反映了侵蚀形态演变的速率大小。由此得到坡沟系统不同降雨时段的分形维数计算结果(见表 9-7)。

表9-7　坡沟系统各阶段分形维数分析

雨强(mm/h)	降雨历时(min)	拟合关系	决定系数 R^2	a
66	20	$\ln N=-2.0000\ln r+15.934$	1	2.000 0
	30	$\ln N=-1.9998\ln r+15.933$	1	1.999 8
	40	$\ln N=-1.9996\ln r+15.932$	1	1.999 6
	50	$\ln N=-1.9998\ln r+15.933$	1	1.999 8
	60	$\ln N=-1.9997\ln r+15.932$	1	1.999 7
	70	$\ln N=-1.9999\ln r+15.933$	1	1.999 9
	80	$\ln N=-1.9997\ln r+15.932$	1	1.999 7
	90	$\ln N=-1.9997\ln r+15.933$	1	1.999 7
	100	$\ln N=-1.9998\ln r+15.933$	1	1.999 8
85	20	$\ln N=-1.9995\ln r+15.897$	1	1.999 5
	30	$\ln N=-1.9996\ln r+15.897$	1	1.999 6
	40	$\ln N=-1.9995\ln r+15.896$	1	1.999 5
	50	$\ln N=-1.9999\ln r+15.897$	1	1.999 9
	60	$\ln N=-1.9993\ln r+15.896$	1	1.999 3
120	20	$\ln N=-2.0018\ln r+15.939$	1	2.001 8
	30	$\ln N=-2.0019\ln r+15.941$	1	2.001 9
	40	$\ln N=-2.0020\ln r+15.941$	1	2.002 0
	50	$\ln N=-2.0018\ln r+15.942$	1	2.001 8
	60	$\ln N=-1.9985\ln r+15.938$	1	1.998 5
	70	$\ln N=-1.9984\ln r+15.937$	1	1.998 4

9.4.1　坡沟系统整体分形维数值变化情况

对于整个坡沟系统而言，三种雨强下，分形维数过程趋势中(见图9-16)，分形维数随降雨过程总体存在减少趋势。其中，66 mm/h 和 85 mm/h 雨强条件下的坡沟系统分形维数减小趋势不明显，存在波动变化，120 mm/h 雨强条件下的分形维数过程在降雨 60 min 之后急剧减小。

对比同一时段不同雨强条件下的坡沟系统侵蚀过程(见图9-17)，三种雨强条件下降雨 60 min 后，坡沟系统分形维数分别为 1.999 7、1.999 3 和 1.998 5，其中 66 mm/h 降雨条件下的坡沟系统侵蚀形态分形维数最大，85 mm/h 和 120 mm/h 的坡沟系统侵蚀形态分形维数较小。

9.4.2　坡沟系统中坡面与沟坡分形维数值分布特征

将坡沟系统分为坡面、沟坡两部分，分别计算并分析其分形维数值的表现特征(见表9-8)。从两种雨强条件下试验结果分析可见，降雨时段 50 min 之前，在 66 mm/h 条件下，坡面的分形维数小于 120 mm/h 条件的，沟坡的分形维数值大于 120 mm/h 条件的，说明在 66 mm/h 条件下，侵蚀主要发生在沟坡部位，坡面部分侵蚀较轻微，侵蚀破碎程度较低，而 120 mm/h 条件下，侵蚀溯源侵蚀活跃，侵蚀沟切割坡面现象严重，因此 120 mm/h

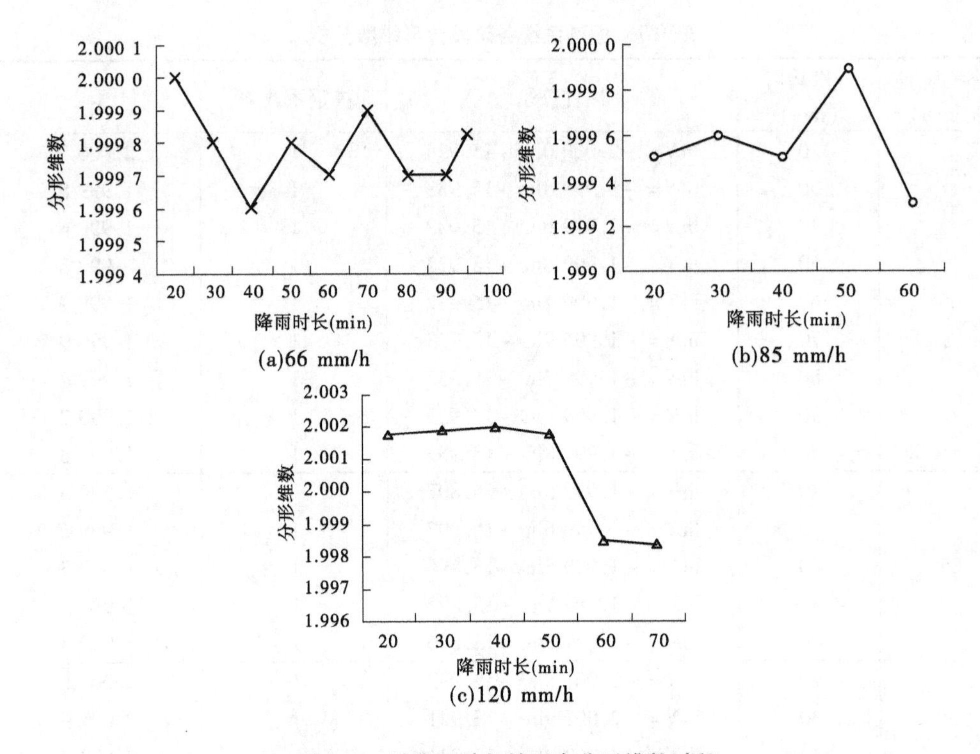

图 9-16　坡沟系统侵蚀形态分形维数过程

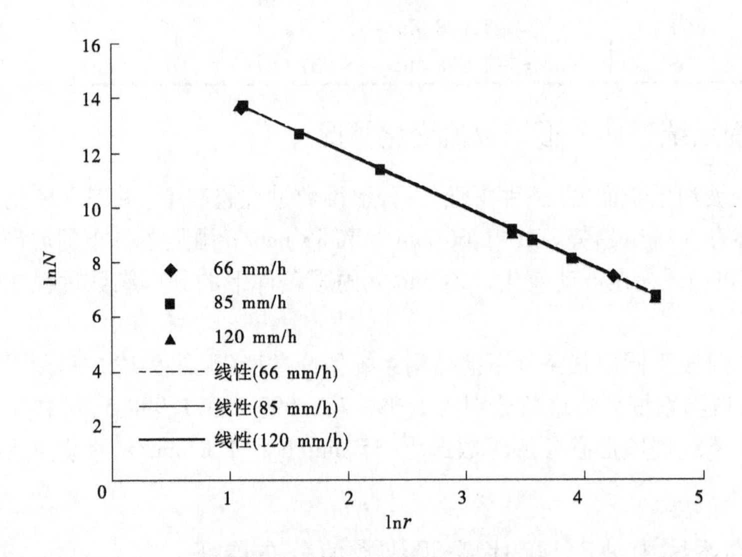

图 9-17　三种雨强下降雨 60 min 后坡沟系统 $\ln N \sim \ln r$ 的对应关系

条件下的坡面分形维数值大于 66 mm/h 条件的；从整个坡沟系统的分形维数值来看，降雨前 50 min，120 mm/h 雨强下的分形维数值较大，说明大雨强下的坡沟系统侵蚀发育较快，侵蚀形态破碎。50 min 之后的分形维数值相反的现象与侵蚀发育的速率有关，而 66 mm/h 的坡沟系统侵蚀切割速率则高于同一时段的 120 mm/h 条件的。

表9-8　坡沟系统各阶段分形维数值

雨强(mm/h)	空间部位	降雨时段(min)							
		20	30	40	50	60	70	80	90
66	坡面	2.001 1	2.000 9	2.001 0	2.001 3	2.001 2	2.001 0	2.001 2	2.001 2
	沟坡	2.000 2	2.000 2	2.000 0	2.000 2	2.000 0	2.000 6	2.000 2	1.999 9
	坡沟系统	2.000 0	1.999 8	1.999 6	1.999 8	1.999 7	1.999 9	1.999 7	1.999 7
120	坡面	2.002 4	2.002 6	2.002 7	2.002 2	2.000 0	2.000 1		
	沟坡	1.996 8	1.996 2	1.997 1	1.996 4	1.996 5	1.996 1		
	坡沟系统	2.000 6	2.000 9	2.000 9	1.999 8	1.998 0	1.999 1		

根据以上分形维数的物理意义，对于66 mm/h降雨来说，坡面降雨30～50 min时段为侵蚀强烈时段，而沟坡的侵蚀强烈时段发生在60～70 min（见图9-18（a）、图9-19）；对于120 mm/h的降雨，坡沟系统侵蚀发育一开始就很剧烈，因此表现在分形维数上坡面和沟坡的分形维数值在前40 min均较高，之后侵蚀速率降低，分形维数值也呈现下降趋势（见图9-18(b)）。

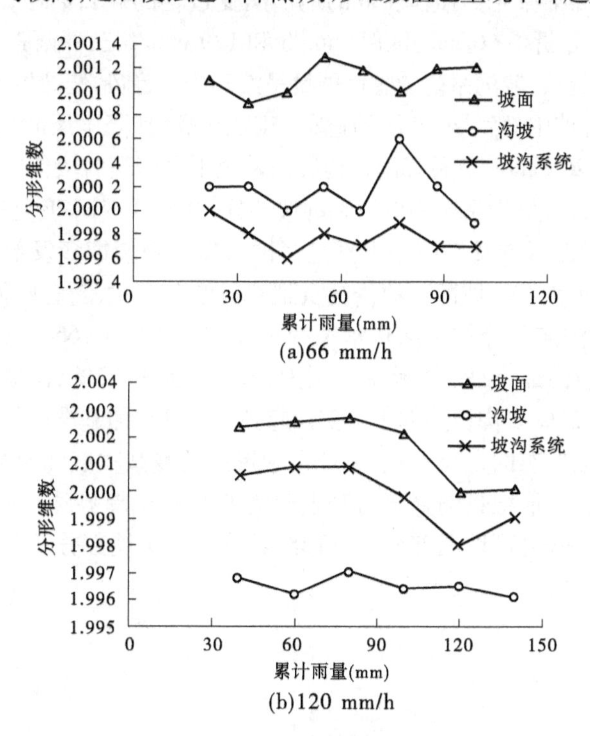

图9-18　坡面—沟坡分形维数与累计雨量的关系(66 mm/h与120 mm/h)

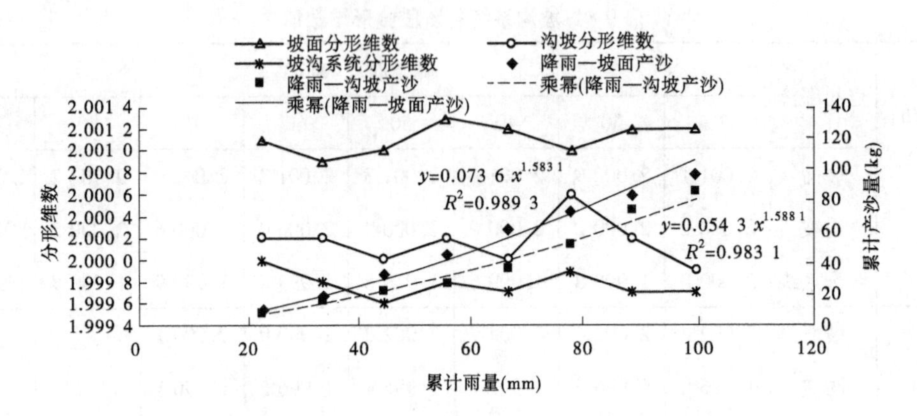

图 9-19　坡面—沟坡分形维数及产沙与累计雨量的关系(66 mm/h)

9.5　小　结

本节主要应用 ArcGIS 软件中 ArcToolbox 的 3D Analyst 工具和数据管理工具模块,基于 FARO Focus 3D 三维激光扫描仪获取的地形演变过程的点云数据,对坡沟系统侵蚀发育过程进行了研究,分析了 66 mm/h、85 mm/h 和 120 mm/h 三种雨强下的侵蚀地形发育过程,随降雨历时的延长,坡沟系统的总侵蚀量呈波动增加趋势,侵蚀始于坡沟过渡区域,继而向坡面中下部和沟坡中部发展,发展的进程与降雨强度和降雨历时呈正相关;分析了 66 mm/h、85 mm/h 和 120 mm/h 三种降雨过程坡沟系统不同降雨时段侵蚀量和侵蚀率的空间分布,并对场次降雨过程坡沟系统中坡面和沟坡部分的侵蚀贡献率变化过程进行了量化,坡沟系统坡面和沟坡过渡区域及坡面中下部是侵蚀易发和强侵蚀多发部位。随降雨历时推进,同一场次降雨的坡面和沟坡部分的侵蚀贡献率呈波动变化,随着雨强的增加,坡面部分的侵蚀贡献率增加,沟坡部分的侵蚀贡献率减小。试验条件下,66 mm/h、85 mm/h 和 120 mm/h 场次降雨中,坡面部分侵蚀贡献率分别为 55%、62% 和 77%,沟坡部分的侵蚀贡献率分别为 45%、38% 和 23%。沟坡底部土槽钢板起到了抬高侵蚀基准面的作用。

分形维数是侵蚀形态的量化参数,表征侵蚀形态的复杂程度和侵蚀过程的剧烈程度,坡沟系统的侵蚀形态分形维数随降雨历时表现为波动变化趋势,同一雨强不同降雨时段下,坡沟系统不同空间部位,坡面部分的分形维数均大于沟坡部分的分形维数。

第 10 章　坡沟系统侵蚀能量空间分布特征

10.1　径流流速与侵蚀产沙的耦合关系

10.1.1　径流流速的时间变化特征

流速是坡面径流最重要的要素之一,是径流对坡面产生侵蚀的直接营动力。在整个坡沟侵蚀过程中的不同时间点和不同断面上,径流流速都是不断变化的,研究坡沟系统土壤侵蚀过程中径流流速的时空变化是阐述土壤侵蚀产沙机制的基础。

图 10-1 为三种降雨强度下径流流速的时间变化图,分析不同降雨条件下坡沟侵蚀过程中径流流速的时间变化特征。三种雨强条件下,坡沟系统平均流速大小顺序为 66 mm/h下流速 < 120 mm/h 下流速 < 85 mm/h 下流速,对于较大的两种雨强来说,120 mm/h 降雨条件下,坡沟系统的平均流速反而低于 85 mm/h 的平均流速(见图 10-1(a)),由于坡沟系统由坡面和沟坡两部分组成,综合的平均流速可能掩盖了流速空间分布特征。将同一降雨过程(历时 60 min)的坡沟系统流速分坡面和沟坡分别分析(见图 10-1(b)),三种雨强下,坡沟系统坡面部分的流速均低于沟坡部分的流速,坡面部分,66 mm/h 雨强条件下的坡面径流流速最低,85 mm/h 和 120 mm/h 的径流流速过程线较高,相互交织在一起,二者差别不明显;沟坡部分,平均流速从低到高依次为 66 mm/h、120 mm/h 和 85 mm/h,大雨强条件下,流速偏低可能与沟坡侵蚀形态发育有关。

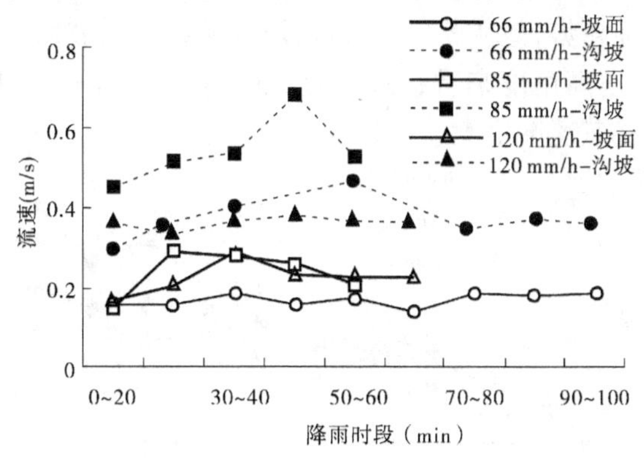

图 10-1　不同降雨条件下坡沟系统侵蚀径流流速的时间变化

结合坡沟侵蚀的阶段性特征,三种雨强条件下,在面蚀侵蚀阶段径流流速的增长速率很快,但随着降雨历时的增加和侵蚀阶段的发展,径流流速增长的速率变缓并逐渐趋于稳定,甚至出现下降趋势。当雨强为 66 mm/h 时,整个面蚀侵蚀阶段(0 ~40 min)和细沟侵蚀阶段前期(40 ~60 min)内的径流流速增长速率相对较快,结合坡面部分侵蚀空间发育过程照片,降雨 60 ~ 70 min 时段,为坡沟系统侵蚀发育最强烈时段,坡面底部 P5 断面溯源及两侧扩张侵蚀发育明显,径流流路复杂多变且挟带泥沙量增加,在流速过程曲线中表现出最低值;当雨强为 85 mm/h 和 120 mm/h 时,面蚀侵蚀阶段的径流流速增长速率很快,细沟侵蚀阶段时的径流流速虽然仍在不断增长,但其增长速率开始逐渐降低,当侵蚀阶段进入准浅沟侵蚀阶段时,两种雨强条件下的径流流速则逐渐趋于稳定甚至开始降低。这是因为在试验刚开始时,坡面比较平整,坡面径流受到的阻力较小,面蚀阶段坡面径流增长的速率也就相对较快,但随着降雨持续,坡沟侵蚀发育逐渐活跃,坡面上逐渐形成跌坎、细沟和浅沟,坡面糙率因此逐渐增大,径流受到的阻力也就逐渐增加,最终导致径流流速的增长速率逐渐变小;直到整个系统的坡沟侵蚀发育发展到相对稳定的阶段时,坡面糙率逐渐稳定,径流阻力将不会发生太大的变化,径流流速的变化也就相应减小并逐渐趋于稳定。

10.1.2 径流流速的空间变化特征

将同一降雨历时(60 min)的坡沟系统平均流速按断面进行统计分析(见图 10-2),可以看出,同种降雨条件下,坡沟系统沟坡部分的径流流速明显高于坡面部分的径流流速,且径流流速在坡面 P1 ~ P5 断面上不断增加,在沟坡 G1 ~ G5 断面则呈波动式增长趋势。当雨强为 66 mm/h 时,坡沟系统不同断面的径流流速从坡顶(P1 断面)到沟底(G5 断面)沿坡面不断增加,结合坡面部分侵蚀空间发育过程照片,该雨强条件下,侵蚀主要发生在坡面和沟坡的过渡区域及坡面底部,流速在空间分布上表现为坡面底部 P5 断面和沟坡上部 G1 断面偏低;当雨强为 85 mm/h 时,坡沟系统不同断面的径流流速从 P1 断面到 G3 断面的变化呈增加趋势,并在 G3 断面出现极大值,G4 断面的径流平均流速下降之后在 G5 断面径流流速又有一定程度的增加;当雨强为 120 mm/h 时,坡沟系统不同断面的径流流速从 P1 断面到 G1 断面的变化总体呈增加趋势。综上分析,虽然较大雨强条件下沟坡部分的径流流速出现下降趋势,但从整体上来说,坡沟系统的沟坡部分径流流速仍然比坡面部分的径流流速大,从空间角度来看,在坡沟系统的坡面中下部即 P4、P5 断面和沟坡部分的 5 个断面上径流流速逐渐增大。

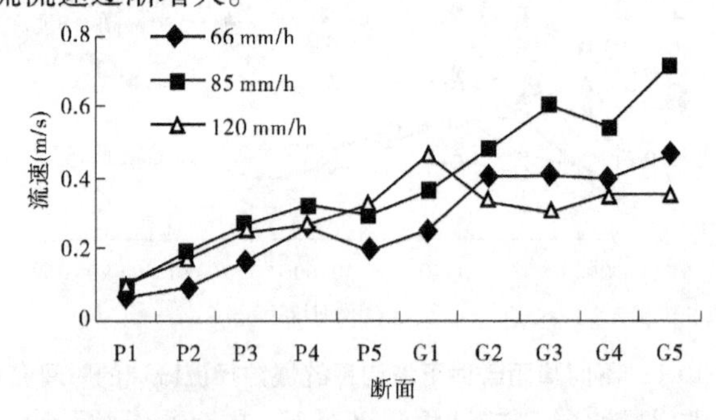

图 10-2 平均流速断面分布特征(降雨 60 min 时段内)

三种雨强下,坡沟系统各断面流速从坡面顶部至沟坡底部基本呈增加趋势,流速快慢可能与其径流挟带泥沙的量和径流通道的粗糙程度等因素有关。在降雨汇流作用下,径流顺坡而下,流速在增加过程中,其侵蚀和搬运能力也随之增加,而侵蚀搬运的同时会降低径流速度,径流又会在降雨汇流作用下继续加速而造成侵蚀和搬运,因此在空间分布上,径流流速表现为波动增加现象。对于侵蚀发育剧烈的断面,如三种雨强下坡沟过渡区域,由于径流流路粗糙度的影响,径流流速也会表现出低值,120 mm/h 雨强条件下的沟坡径流流速偏低也与沟坡部分径流流路粗糙度大有关。

不同时段的径流流速分布(见图 10-3)表明,不同降雨时段,流速在坡沟系统各断面的空间分布特征不同,各断面总体呈现从坡顶到沟底的波动递增趋势,随降雨时段的推进,同一断面上流速也基本表现为波动增加趋势。

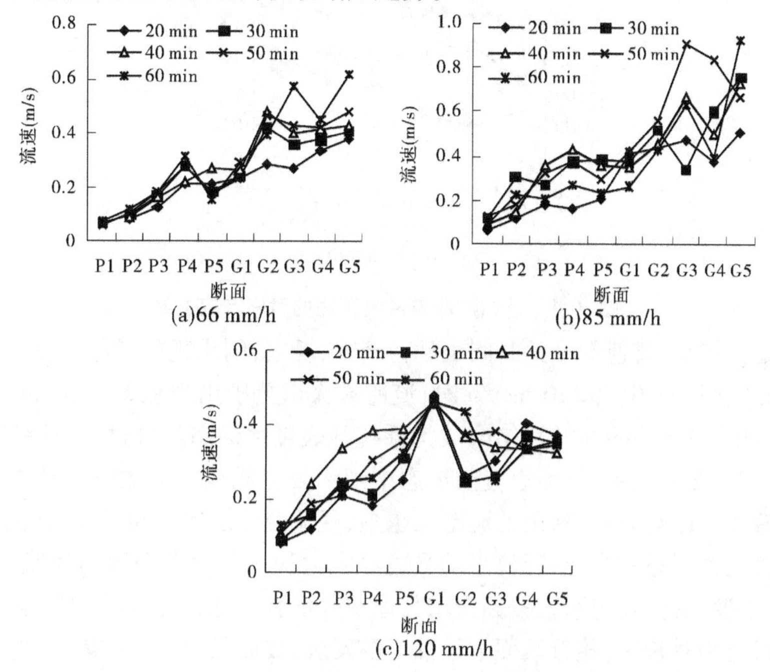

图 10-3　不同时段平均流速断面分布特征(降雨 60 min 时段内)

从流速时间和空间过程的分布特征看,流速的大小分布非常复杂,同时受内在侵蚀动力调整(剥离及搬运、流路粗糙度变化)的影响,径流流速的时空分布特征一定程度上也反映了侵蚀及泥沙输移过程的复杂性。

10.1.3　径流流速与侵蚀产沙的时空响应关系

在分析坡沟系统中径流流速时空变化的基础上,结合坡沟系统侵蚀产沙的时空变化特征内容,从时空二维角度探讨径流流速与径流含沙率参数之间的响应关系,为揭示坡沟系统侵蚀产沙时空变异的原因提供基础科学依据。

10.1.3.1　径流流速与侵蚀产沙的时间响应关系

在分析坡沟侵蚀过程中坡面径流流速时间变化特征的基础上,将其与坡沟系统侵蚀过程结合起来,探讨坡沟侵蚀过程中径流流速与侵蚀在不同降雨时段的响应关系。坡沟侵蚀产沙与径流流速的时间响应关系见图 10-4。

三种雨强下,侵蚀量在整个场次降雨试验过程中均表现出了波动增加的趋势。而径流流速却表现出先增加后减小的变化过程,但不同雨强条件下,径流流速变小出现的时间

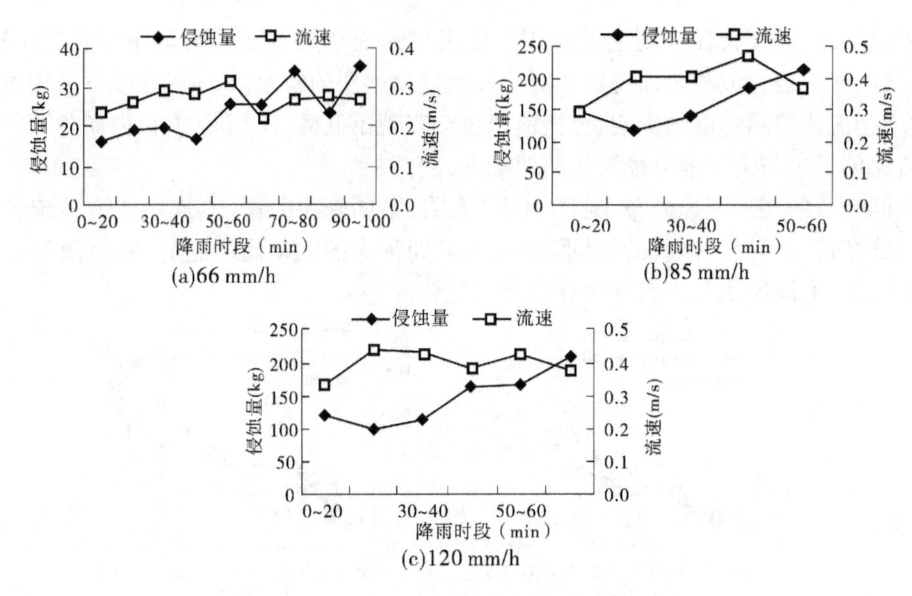

图 10-4　侵蚀产沙与径流流速的时间响应关系

早晚不同，雨强越小，流速变小的时间出现得越晚，反之，则出现得较早。图 10-4 显示，雨强为 66 mm/h、85 mm/h 和 120 mm/h 时，流速最大值分别出现在 50 ~ 60 min 时段、40 ~ 50 min 时段和 20 ~ 30 min 时段，结合坡沟系统地表侵蚀形态发育过程，这种现象和侵蚀发育的强度有直接的关系，与地表侵蚀形态中细沟发育成准浅沟的时间基本吻合。从降雨开始，随着入渗逐渐减弱，降雨汇流越来越多，径流流速加快，同时径流剥蚀作用也在加强，随着地表侵蚀形态的演变，径流流动受边界阻力和自身挟带泥沙的消能作用，流速的增长速度逐渐变缓，但坡沟系统侵蚀量增长速率并没有降低趋势，这是因为雨强相对较大时，侵蚀发育也相对较快，随着坡面上侵蚀沟的发展，坡面径流受到的阻力增大，径流流速增加的速率逐渐降低；在细沟侵蚀阶段，随着坡沟侵蚀发育的逐渐稳定，径流受到的坡面阻力不再有大的变化，径流流速就逐渐趋于稳定。从整个试验过程来看，在整个坡沟侵蚀过程中，侵蚀随着径流流速的增加而增加，只是在不同的侵蚀阶段，侵蚀随径流流速增加的幅度不一样。不同雨强条件下，无论坡沟侵蚀发展到哪个阶段，侵蚀发育逐渐趋于稳定时，径流流速也会随之趋于稳定。由此证明，径流流速是坡沟侵蚀产沙的直接营动力，流速越大，径流对坡面表层土壤的剥离分散能力也就越大，其输移土壤的能力也就越大，径流含沙率也就会相应增加，当坡沟侵蚀发育稳定时，径流流速不会有太大的变化，径流含沙率也基本保持不变。

10.1.3.2　径流流速与侵蚀产沙的空间响应关系

将坡沟侵蚀过程中径流流速的空间变化特征和侵蚀量空间分布特征结合起来，探讨坡沟系统侵蚀过程中径流流速与侵蚀量空间分布响应关系（见图 10-5）。三种雨强条件下，坡面部分（P1 ~ P5 断面）的径流流速和侵蚀量基本处于波动增加趋势，而沟坡部分（G1 ~ G5 断面）的侵蚀量均表现出波动减少趋势，尽管 66 mm/h 和 85 mm/h 雨强条件下的径流流速在沟坡部分仍处于波动增加趋势，其相应场次试验中沟坡的侵蚀量空间分布也不例外，表现出波动减少趋势。说明沟坡部分的侵蚀量分布特征和沟坡部分径流流速

的分布特征相关性并不紧密。

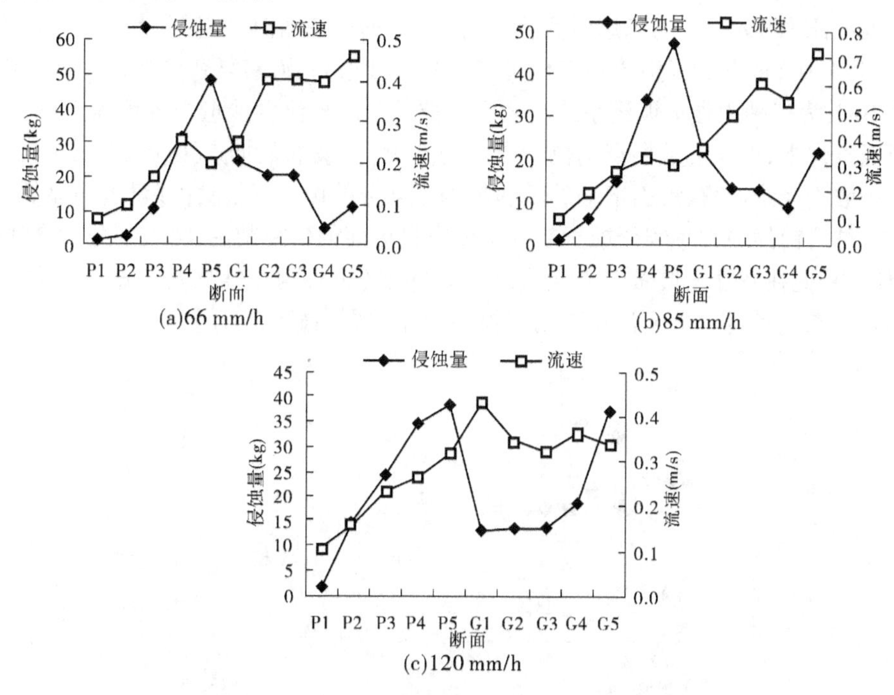

图 10-5　侵蚀产沙与径流流速的空间响应关系

由图 10-5 可知，三种雨强条件下坡沟侵蚀过程中坡面径流流速和侵蚀量总体变化趋势是沿坡面从坡顶（P1 断面）到坡底（P5 断面）逐渐增加。当雨强为 66mm/h 时，从 P1 ~ P5 断面，侵蚀量逐渐增加，且 P4、P5 断面的侵蚀量增加显著，但是径流流速在该断面附近却表现出波动增加过程中的较低值，这是因为该断面侵蚀发育强烈，径流汇流量流路粗糙度增加。从 G2 ~ G5 断面，径流流速表现出较高值，而相应断面的侵蚀量却不增反减，这也说明，沟坡部分的径流由于降雨汇流和坡度变陡等原因，流速增加，但用于剥蚀地表土壤的能力却没增加。雨强为 85 mm/h 降雨条件下，坡沟系统的侵蚀量及径流流速空间分布特征与 66 mm/h 雨强条件下的较类似。120 mm/h 雨强时，坡沟系统的侵蚀空间分布特征与其他两种雨强条件下的不太一致，坡面部分径流流速和侵蚀量分布均表现出沿程增加趋势，沟坡部分的径流流速从 G2 断面开始表现出波动稳定状态，即径流流速的大小已不随降雨汇流等因素而增加，这可能与径流的挟沙能力达到饱和有关。

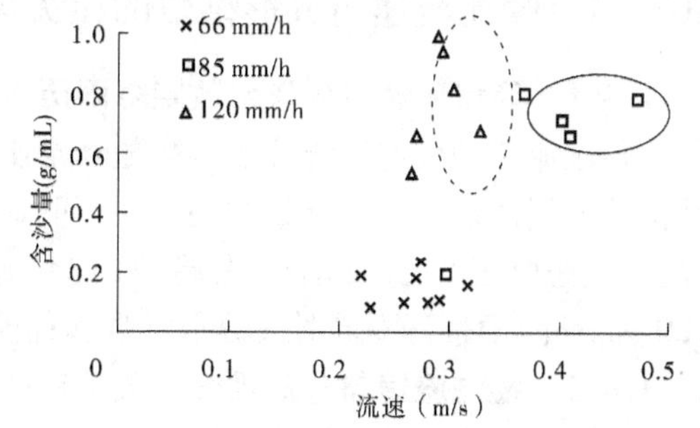

图 10-6　三种雨强下坡沟系统径流平均含沙量与径流流速的关系

含沙量是径流挟沙能力大小的重要表现指标，绘制径流含沙量和径流流速的相关关系图（见图 10-6），可以看出，三种雨强条件下的数据点分布各有其数值区间。66 mm/h 与 120 mm/h 的流速区间相差不大，但径流含沙量却差别明显，120 mm/h 的数据点明显偏上，也就是说，在流速增加不太大的情况下,120 mm/h 雨强下的径流含沙量显著高于 66 mm/h 的径流含沙量;85 mm/h 流速区间虽说比 120 mm/h 的流速区间要大,但前者的径流含沙量却不及后者的径流含沙量高,说明 120 mm/h 的径流流速变低可能是其挟沙量高、流路复杂等综合原因导致的。

图 10-7 为三种雨强下坡沟系统坡面和沟坡部分的径流含沙量与径流流速的关系图。三种雨强条件下,坡面的数据点均位于图表的左侧,沟坡的数据点则位于图表的右上侧,说明对于坡沟系统而言,坡面部分的流速较沟坡部分的偏小,径流含沙量也明显低于沟坡部分的。结合前述坡沟系统侵蚀贡献率主要来自坡面的研究结论,沟坡部分的含沙量高,径流流速快,但在剥蚀土壤做功方面表现并不明显(也许与土槽底部钢板对侵蚀基准面的影响有关),沟坡部分的径流用于输移泥沙的作用更明显。

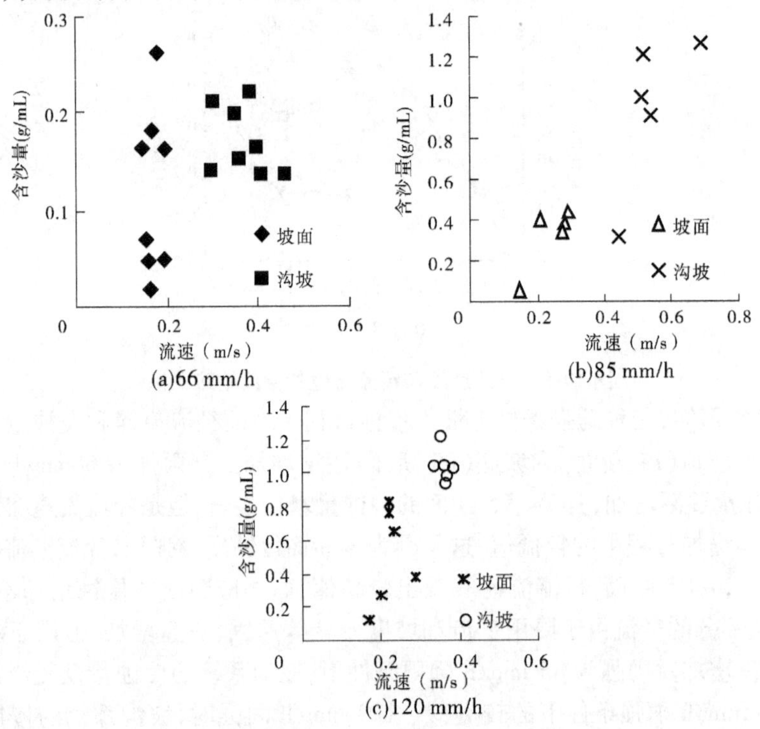

图 10-7　三种雨强下坡面及沟坡径流含沙量与径流流速的关系

10.1.4　径流流速与分形维数的相关关系

10.1.4.1　径流流速与分形维数随降雨历时的变化特征

径流流速和坡沟系统分形维数随降雨历时的变化过程见图 10-8。由图可见,流速和坡沟系统侵蚀形态分形维数的关系并不明显。66 mm/h 的降雨试验过程中,分形维数和径流流速均表现出波动变化趋势,但增减双向波动出现的时段不同;85 mm/h 和 120 mm/h降雨过程不同时段分形维数和径流流速的表现也类似。

10.1.4.2　径流流速与分形维数相关关系的空间分布特征

由于坡面和沟坡侵蚀形态及流速均差别较大,将坡沟系统分坡面和沟坡两部分分别建立分形维数和径流流速的相关关系,选取大小两种典型雨强过程,基于 ArcGIS 分析了

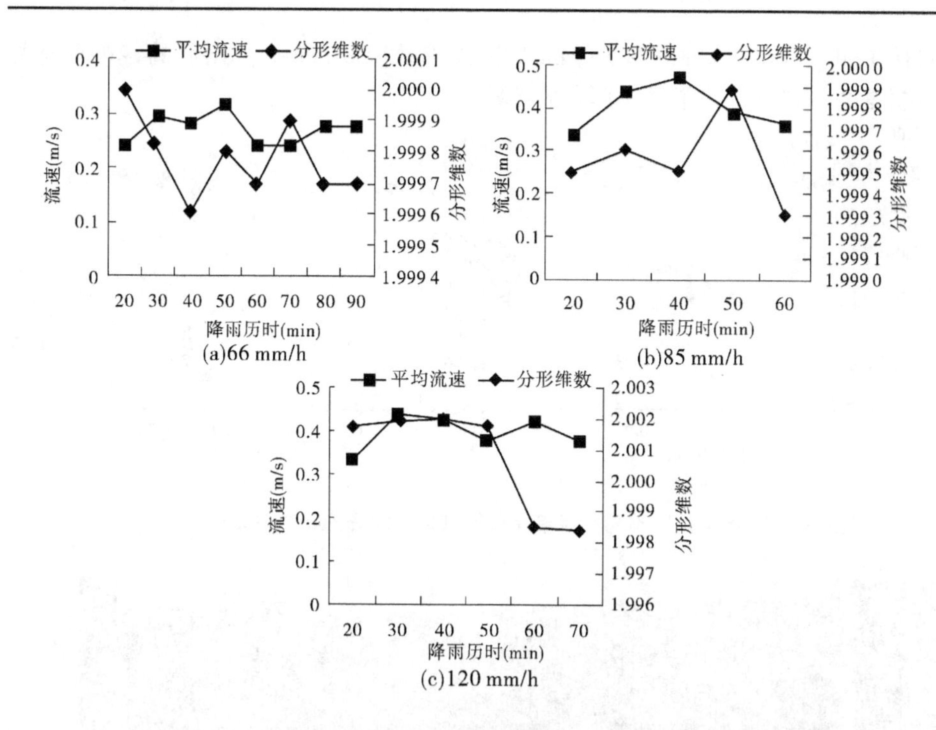

图 10-8　三种雨强下径流流速与坡沟系统分形维数随降雨历时的变化

66 mm/h 和 120 mm/h 降雨过程坡沟系统中的坡面、沟坡分形维数的空间分布。图 10-9 显示,两种雨强下,坡面部分的数据点均位于图的左上方,而沟坡部分的数据点均位于图的右下方,说明坡面流速小,坡面侵蚀分形维数大,而沟坡径流流速大,沟坡部分侵蚀分形维数小。分形维数的大小一定程度上反映了侵蚀形态变化的剧烈程度和复杂程度,图中显示的现象和试验观测到的现象相吻合。

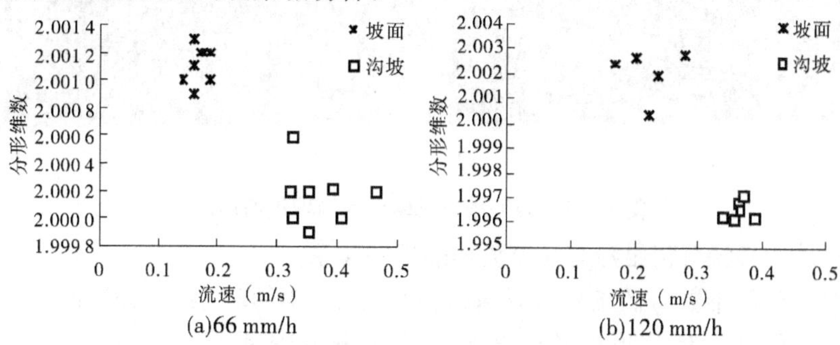

图 10-9　坡沟系统不同地貌单元分形维数与流速的相关关系(1)

将坡面及沟坡部分的分形维数与流速的关系分别绘图(见图 10-10)。坡面部分,结合流速和分形维数原始分析表,120 mm/h 的降雨前 40 min 的数据点均在图的上部,仅 50 ~ 60 min 及 60 ~ 70 min 的数据点在图的下部,说明该雨强条件下,坡沟系统的坡面部分,在前 40 min 侵蚀最剧烈;而雨强 66 mm/h 条件下,坡面侵蚀发育演变过程的变化远不及 120 mm/h 雨强条件下的剧烈。对于沟坡部分,在两种雨强条件下径流流速区间相当的情况下,66 mm/h 雨强条件的数据点居于 120 mm/h 雨强的上部。结合沟坡部分的侵蚀发育情况(见图 10-11),66 mm/h 降雨 70 min 后的地形比 120 mm/h 降雨后的侵蚀形态复杂,图中数据点的分布也反映了侵蚀形态的差别。

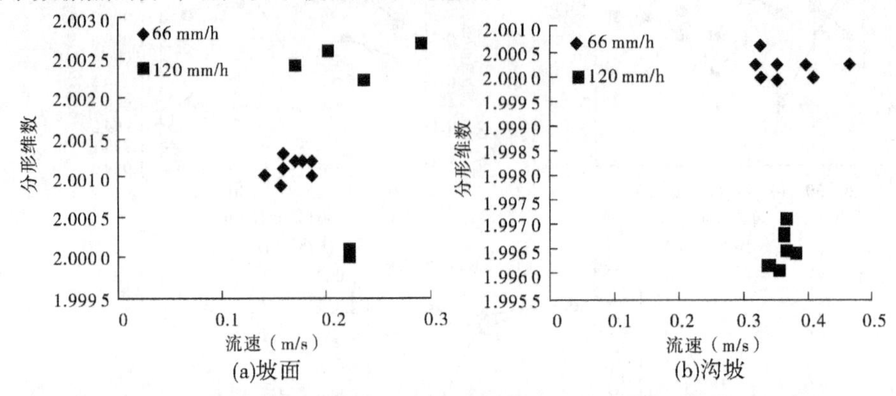

图 10-10　坡沟系统不同地貌单元分形维数与流速的相关关系(2)

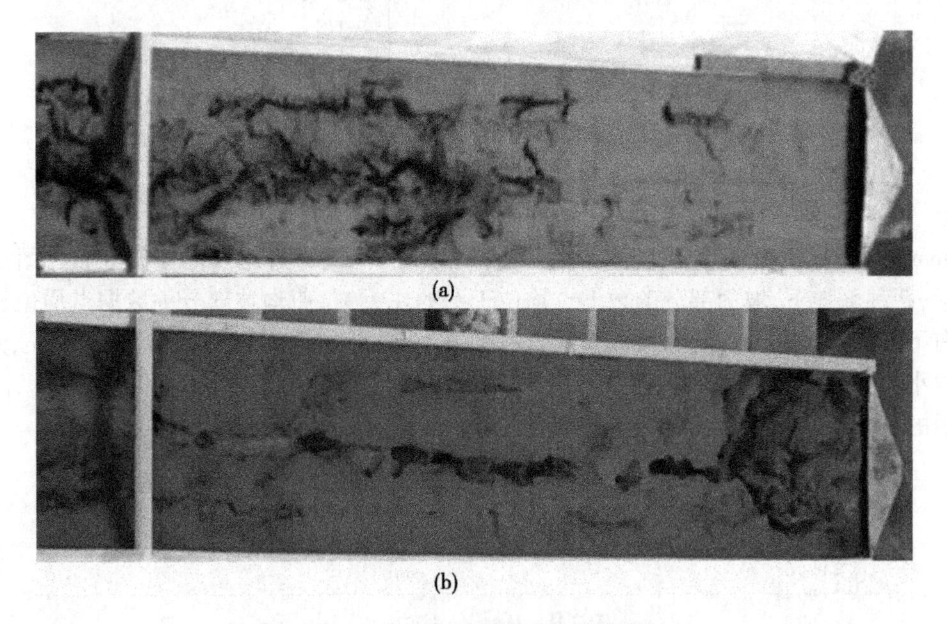

图 10-11　两种雨强试验后的沟坡侵蚀形态

10.1.4.3　坡沟系统分析维数与径流流速的相关关系

坡沟系统分形维数与径流平均流速的关系(见图 10-12)表明,66 mm/h 和 85 mm/h 雨强条件下的侵蚀过程分形维数的数据点位于图的中部,且满足 $y = -0.001\ 3x + 2.000\ 1$($R = 0.499\ 9$,样本数 $n = 14$),表明分形维数与径流流速呈负相关关系。120 mm/h 降雨条件下坡沟系统分形维数和流速的关系数据点位于图的上部和下部,其中图上部 4 个数据点为 120 mm/h 的前 4 个降雨时段的数据点,下方 2 个数据点为后 2 个降雨时段的数据点。120 mm/h 雨强过程侵蚀形态分形维数数据点的特殊性和其侵蚀形态发育过程有关,在 120 mm/h 的降雨过程中,坡沟系统的坡面部分从底部 P5 断面到中部 P3 断面侵蚀迅速发育,至第四个时段基本达到一个平衡状态,随着降雨过程的持续,降雨径流打破坡面顶部 P1 断面和沟坡底部 G5 断面的平衡,侵蚀发育表现较为明显,但对于整个坡沟系统来说,侵蚀形态发育活跃程度明显降低。

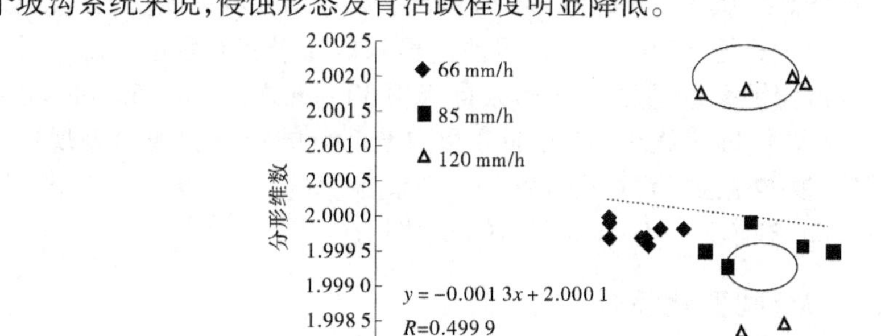

图10-12 坡沟系统分形维数与径流平均流速的相关关系

10.2 径流剥蚀率

10.2.1 径流剥蚀率的时间变化特征

根据坡沟系统坡面和沟坡各断面的径流宽深观测数据,分别计算出坡面和沟坡部分的总的过流面积,并根据前述坡面和沟坡部分的侵蚀量计算不同降雨时段的单位时间侵蚀量,进而分坡面和沟坡两部分计算各降雨时段的径流剥蚀率(见图10-13)。

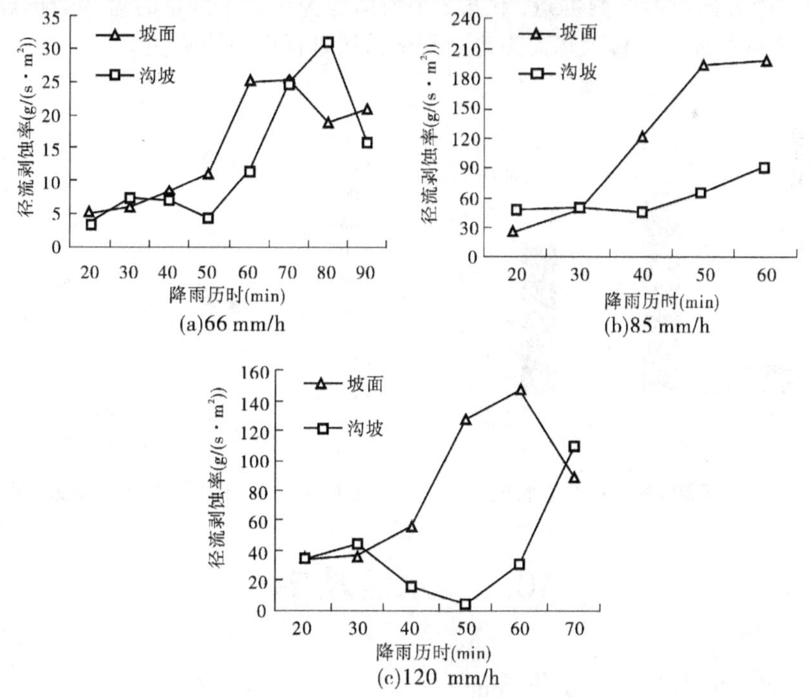

图10-13 径流剥蚀率随降雨历时的变化过程

径流剥蚀率随降雨历时基本呈波动增加趋势。对于66 mm/h的场次降雨模拟试验,前 50 min 降雨过程的径流剥蚀率呈上升趋势，但增加较慢，之后增加幅度明显，相应的地表侵蚀发育也较剧烈，降雨进行至 80 min 之后，侵蚀过程基本处于相对稳定状态。对于 85 mm/h 的降雨过程，径流侵蚀率也经过三个阶段，即降雨 30 min 之前、30 ~ 50 min 和 50 min 之后。120 mm/h 的降雨侵蚀过程中，坡面部分和沟坡部分的径流剥蚀率表现不一致，出现此消彼长的现象，根据侵蚀发育过程和坡面径流剥蚀率的表现，也呈现三个不同的侵蚀阶段，即降雨 30 min 之前、30 ~ 50 min 和 50 min 之后。

10.2.2　径流剥蚀率的空间变化特征

三种雨强下平均径流剥蚀率的空间分布特征如图 10-14 所示。不同雨强条件下，坡面的径流剥蚀率均大于沟坡部分，其中 66 mm/h 的较小雨强条件下，二者差别不明显，但在 85 mm/h 和 120 mm/h 的较大雨强条件下，坡面的径流剥蚀率明显高于沟坡部分的径流剥蚀率。85 mm/h 雨强条件下的径流剥蚀率大于 120 mm/h 雨强条件下的径流剥蚀率，这与侵蚀形态发育及径流流宽等综合因素有关。

10.2.3　分形维数与径流剥蚀率的相关关系

绘制三种雨强下坡沟系统分形维数与径流剥蚀率的相关关系（见图 10-15），66 mm/h 和 85 mm/h 的数据点位于图的中部，满足 $y = -2 \times 10^{-6}x + 1.999\,8$（$R = 0.453\,5$，样本数 $n = 14$），表明分形维数与径流剥蚀率呈负相关关系。120 mm/h 降雨条件下坡沟系统分形维数和径流剥蚀率的关系数据点位于图的上部和下部，其中图上部 4 个数据点为 120 mm/h 的前 4 个降雨时段的数据点，下方 2 个数据点为后 2 个降雨时段的数据点，其数据点表现规律不同的原因与侵蚀形态发育过程的阶段性活跃特点有关。

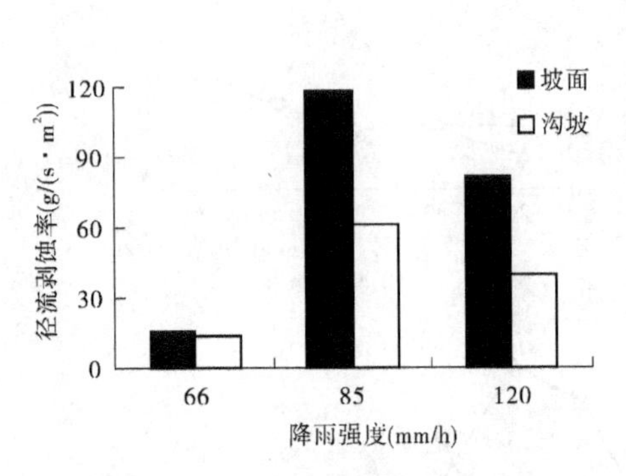

图 10-14　径流剥蚀率空间分布特征

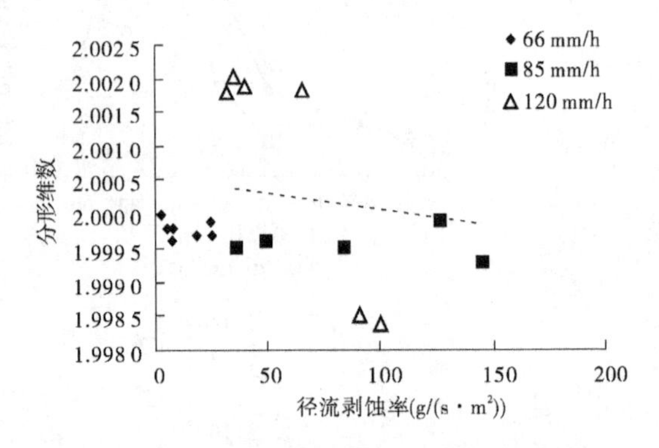

图 10-15　分形维数与径流剥蚀率相关关系

10.3　水流功率

10.3.1　水流功率的时间变化特征

根据坡沟系统坡面和沟坡各断面的径流流速与流深观测数据及径流能波数据，分别计算出坡面和沟坡部分的水流功率，坡面和沟坡部分水流功率的平均值为坡沟系统的平均水流功率(见图 10-16、图 10-17)。

水流功率随降雨历时基本呈波动增加趋势,其中坡沟系统沟坡部分的水流功率均大于坡面部分的水流功率,坡面和沟坡部分的水流功率过程线变化特征也不同,反映了坡面和沟坡部分侵蚀发育过程的差异性。

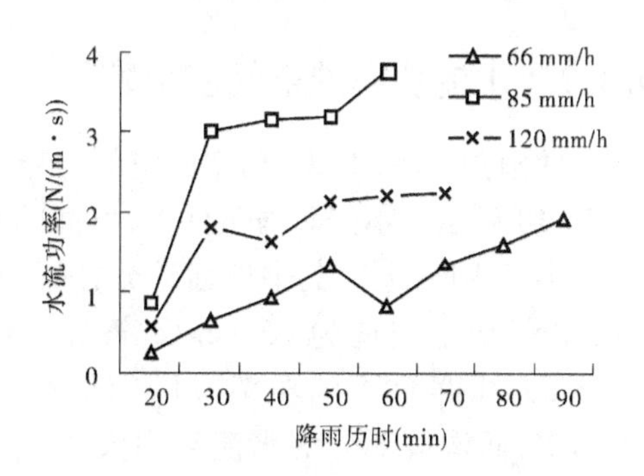

图 10-16　坡沟系统水流功率随降雨历时的变化过程

对于 66 mm/h 的场次降雨模拟试验,前 50 min 降雨过程的径流剥蚀率随降雨历时呈上升趋势,50 ~ 80 min 时段曲线变缓,

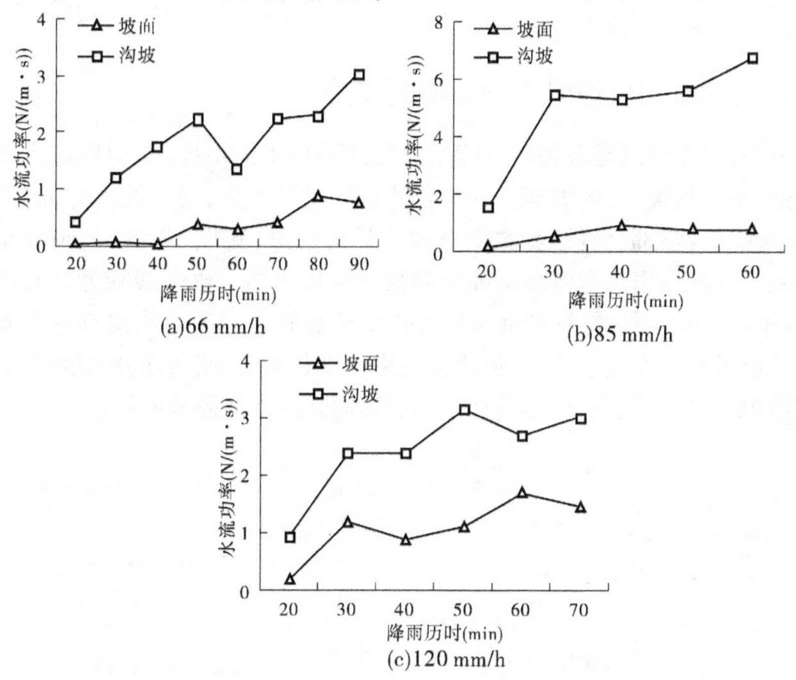

图 10-17　坡沟系统坡面及沟坡部分水流功率随降雨历时的变化过程

降雨进行至 90min 之后,试验观测到侵蚀过程基本处于相对稳定状态。对于 85 mm/h 的降雨过程,降雨 30 min 之前、30 ~ 50 min 和 50 min 之后水流功率过程也呈三种走势,分别为“快速增加—波动稳定—增加”的趋势。对于 120 mm/h 的降雨侵蚀过程中,水流功率处于 66 mm/h 和 85 mm/h 两种雨强之间,与 85 mm/h 降雨过程中的坡沟系统水流功率的差别主要是沟坡部分的水流功率的差别引起的。结合侵蚀分布特征,120 mm/h 雨强场次降雨条件下的侵蚀主要发生在坡沟系统的坡面部分,而 85 mm/h 降雨的侵蚀主要发生在坡面和沟坡过渡区域。这也说明侵蚀活跃部位随雨强变化而变化,比如 85 mm/h 降雨的侵蚀活跃部位在坡面和沟坡过渡区域,而 120 mm/h 降雨的侵蚀活跃区域发展到了坡面及坡面上部区域(66 mm/h 的降雨侵蚀活跃部位从坡面中下部到沟坡中上部呈带状,不及 85 mm/h 和 120 mm/h 的降雨侵蚀分布集中)。

10.3.2　水流功率的空间变化特征

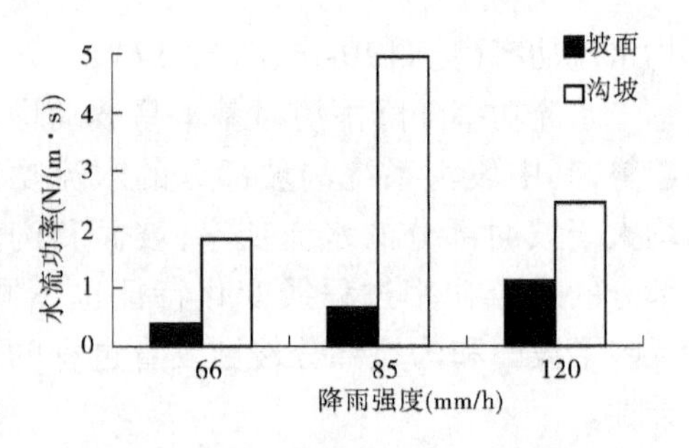

图 10-18　水流功率的空间分布特征

三种雨强下平均水流功率的空间分布特征如图 10-18 所示。不同雨强条件下,坡面的水流功率均小于沟坡部分,其中坡面部分,随雨强的增加,水流功率表现为 66 mm/h 条件下的功率 < 85 mm/h 条件下的功率 < 120 mm/h 条件下的功率,而沟坡部分的水流功率大小则表现为 66 mm/h 条件下的功率 < 120 mm/h 条件下的功率 < 85 mm/h 条件下的功率,这种现象和沟坡部分的坡度较陡(35°)及侵蚀形态发育、径流流速及径流流宽与流深、流路分布、径流输沙含量等综合因素有关。

10.3.3　水流功率与侵蚀时空分布的响应关系

侵蚀的时空分布格局是各种侵蚀能量参数共同作用的结果,在沟坡水流功率明显大于坡面侵蚀功率的情况下,沟坡部分各时段的侵蚀量并不大,与坡面部分的数据点相比,表现出雨强越大,沟坡部分侵蚀量数据点越偏低的现象(见图 10-19)。66 mm/h 雨强条件下,坡面侵蚀量的数据点和沟坡侵蚀量的数据点处于同一水平线附近。而在 85 mm/h 和 120 mm/h 降雨过程中,图中坡面部分的数据点明显位于沟坡数据点的上方。从图中可以看出,沟坡部分的水流功率大,但相应的侵蚀量并不高;坡面部分的表现则相反,在水流功率不及沟坡大的情况下,坡面侵蚀量却随降雨强度增加而呈增加趋势。

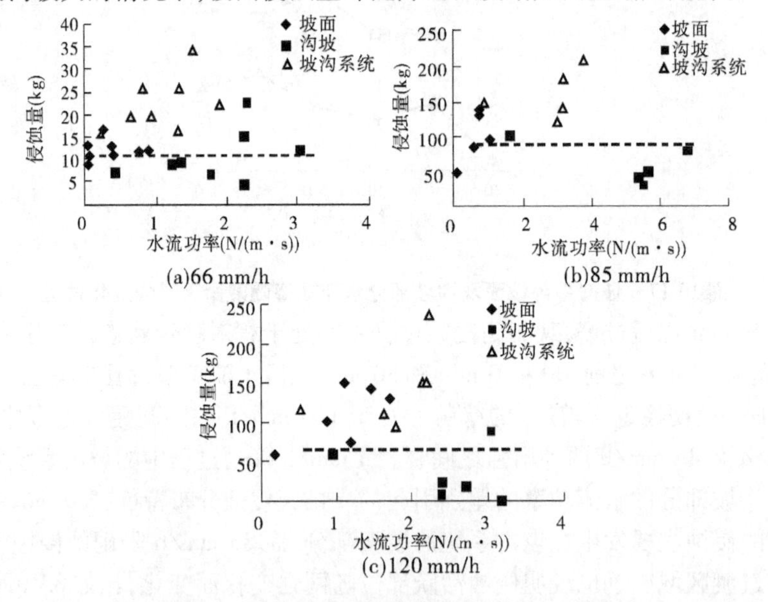

图 10-19　不同雨强下侵蚀量与水流功率关系

为了认识坡沟系统内侵蚀和水流功率的空间响应关系,分坡面和沟坡两部分进一步分析了其侵蚀率与水流功率的关系(见图 10-20)。由图可见,3 个雨强降雨过程中,坡面部分侵蚀率和水流功率呈对数增加趋势,满足 $y = 3.654\ln x + 9.2944$($R^2 = 0.7037$,样

本数 $n=18$)，而同样降雨过程条件下的沟坡部分，侵蚀率和水流功率的数据点呈带状分布，随水流功率的增加，侵蚀率无明显变化趋势。

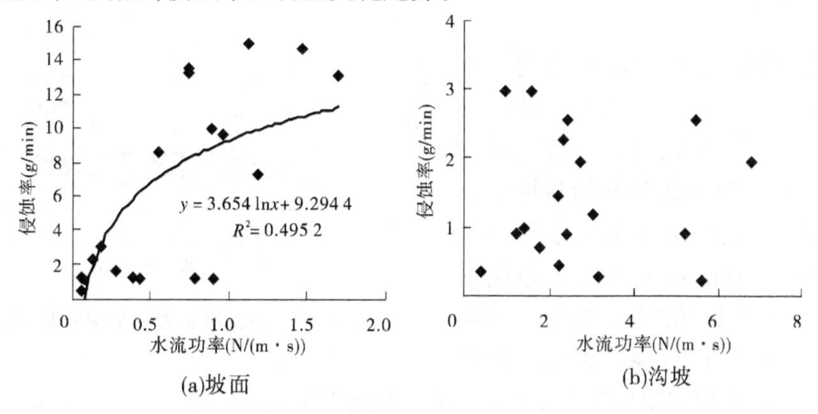

图 10-20　坡沟系统不同部位侵蚀率与水流功率关系

10.3.4　分形维数与水流功率的相关关系

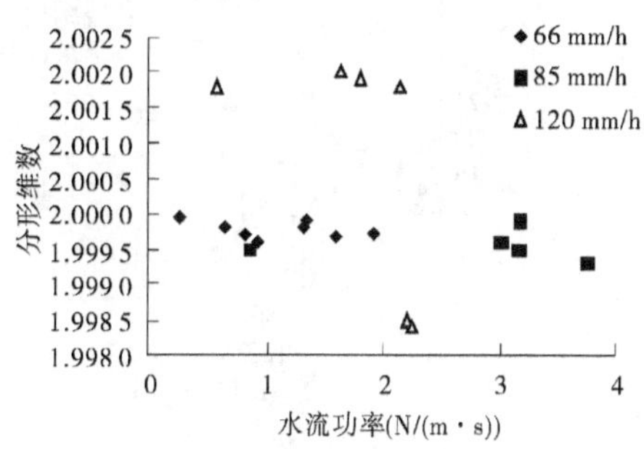

图 10-21　分形维数与水流功率的相关关系

绘制三种雨强下坡沟系统分形维数与水流功率的相关关系(见图 10-21)，66 mm/h 和 85 mm/h 的数据点位于图的中部，120 mm/h 降雨条件下坡沟系统分形维数和水流功率的关系数据点位于图的上部和下部，其中图上部 4 个数据点为 120 mm/h 的前 4 个降雨时段的数据点，下方 2 个数据点为后 2 个降雨时段的数据点。66 mm/h 和 85 mm/h 两种雨强的数据点满足 $y=-8\times10^{-5}x+1.9998$ ($R=0.5054$，样本数 $n=14$)，表明分形维数与水流功率呈负相关关系。120 mm/h 雨强的数据点表现特别的原因同其侵蚀过程中侵蚀形态发育活跃程度的阶段性特征有关。

10.4　径流剪切力

10.4.1　径流剪切力的时间与空间分布特征

径流剪切力的空间分布及过程见图 10-22，坡沟系统坡面和沟坡部分的径流剪切力差别较大，沟坡部分的径流剪切力明显高于坡面部分。随降雨历时增加，三种雨强坡沟系统坡面和沟坡部分的径流剪切力基本呈波动增加趋势。坡面、沟坡的径流剪切力从小到大依次为 66 mm/h、120 mm/h 和 85 mm/h。120 mm/h 的降雨过程径流剪切力低于 85 mm/h的原因可能跟径流流路有关，也可能与测量误差有关，可考虑用流量除以过流面积，反推径流深进行验证。

10.4.2　径流剪切力与侵蚀时空分布的响应关系

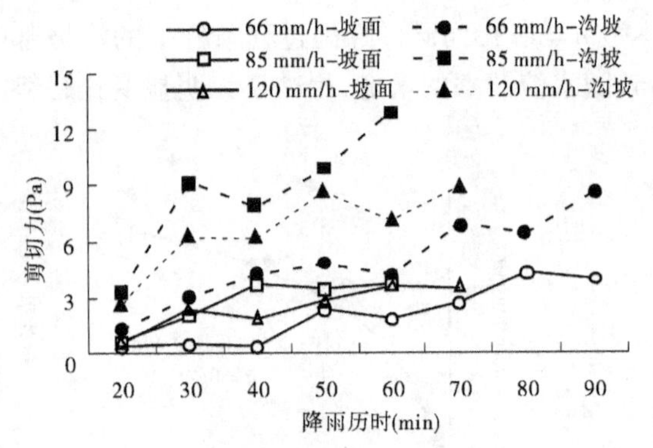

图 10-22　径流剪切力的空间分布及过程

和水流功率表现类似，在坡沟系统中，沟坡部分的径流剪切力大于坡面部分的径流剪切力，但沟坡部分各时段的侵蚀量并不大，和坡面部分的数据点相比，在三种雨强的降雨过程中，坡沟系统坡面和沟坡部分的侵蚀量相差不明显（见图 10-23），坡面和沟坡的数据点基本上沿同一水平带分布，表明沟坡部分径流剪切力增加，相应的阶段侵蚀量并未表现出明显增加趋势。

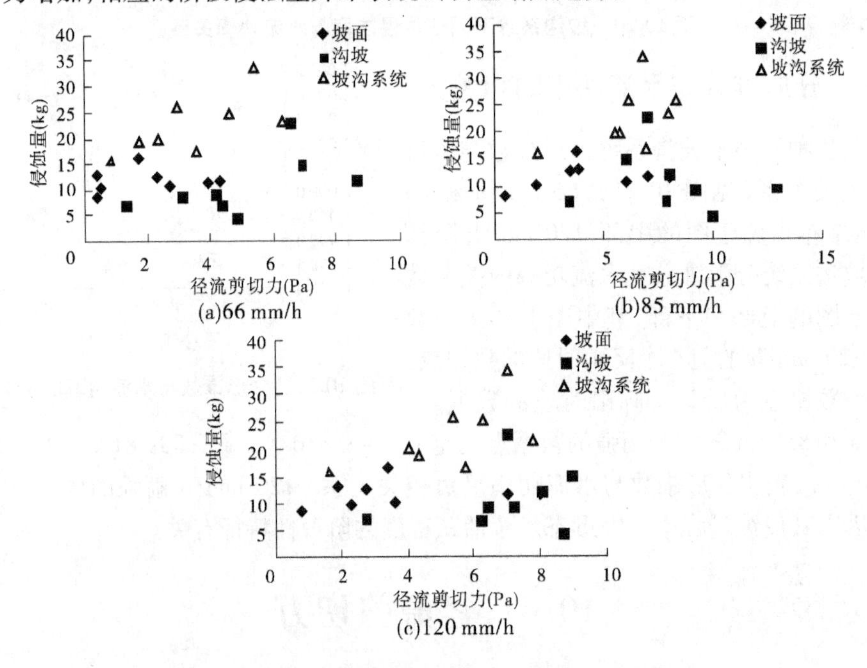

图 10-23　不同雨强下侵蚀量与径流剪切力的关系

分坡面和沟坡部分分别分析其侵蚀率和径流剪切力的关系（见图 10-24），坡面部分，降雨过程中侵蚀率和径流剪切力关系呈 $y = a\ln x + b$ 对数函数关系，其中 66 mm/h 降雨过程的数据点位于图的底部，增加趋势不及 85 mm/h 和 120 mm/h 两种降雨过程明显（见表 10-1）。沟坡部分的侵蚀率和径流剪切力也呈对数函数关系，但对于 66 mm/h 的降雨过程，沟坡部分的侵蚀率随径流剪切力的增加呈对数函数增加趋势，而 85 mm/h 和 120 mm/h 两个雨强降雨过程中的沟坡部分侵蚀率随径流剪切力的增加呈对数函数减少趋势。120 mm/h 雨强降雨过程的侵蚀率与径流剪切力关系曲线位于 85 mm/h 的曲线下方，说明随着径流剪切力的增加，120 mm/h 的沟坡部分侵蚀率减弱趋势更明显。

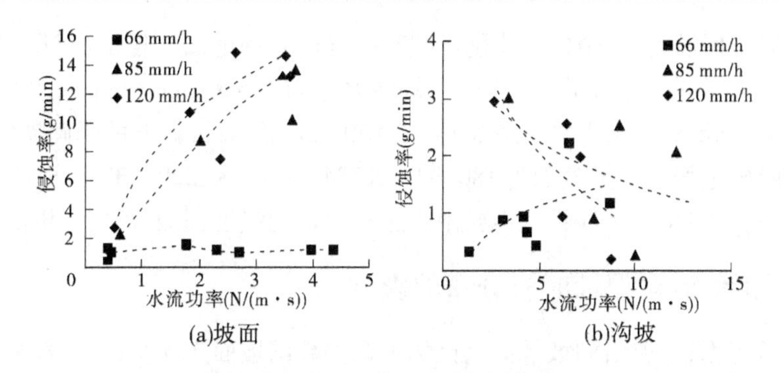

图 10-24　坡沟系统不同部位侵蚀率与径流剪切力关系

表 10-1　坡沟系统不同空间部位侵蚀率与径流剪切力拟合关系

空间部位	雨强(mm/h)	拟合关系	决定系数 R^2	系数 a	系数 b
坡面	66	$y=0.1253\ln x+1.0939$	0.157 2	0.125 3	1.093 9
	85	$y=5.6484\ln x+4.7991$	0.878 9	5.648 4	4.799 1
	120	$y=6.0787\ln x+6.0579$	0.786 9	6.078 7	6.057 9
沟坡	66	$y=0.6695\ln x+0.0367$	0.395 2	0.669 5	0.036 7
	85	$y=-1.1315\ln x+4.0651$	0.254 0	-1.131 5	4.065 1
	120	$y=-1.8795\ln x+5.0467$	0.523 9	-1.879 5	5.046 7

10.4.3　分形维数与径流剪切力的相关关系

坡沟系统侵蚀分形维数与径流剪切力的平均值之间的相关关系见图 10-25。66 mm/h和 85 mm/h 两种雨强的数据点位于图的中部,相对比较集中,且随径流剪切力增加表现出波动趋势。120 mm/h 降雨条件下坡沟系统分形维数和径流剪切力的关系数据点位于图的上部和下部,前 4 个降雨时段的数据点位于图上部,后 2 个降雨时段的数据点位于图底部。66 mm/h 和 85 mm/h 两种雨强的数据点在分形维数 1.995 ~2 几乎呈带状波动分布,随径流剪切力的变化增减趋势不明显。120 mm/h 雨强的数据点表现特殊的原因与其坡沟系统侵蚀发育过程侵蚀形态发育过程活跃程度的时段性特征有关。

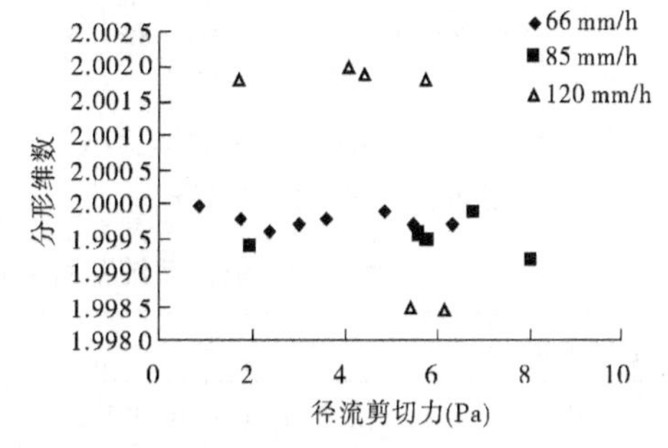

图 10-25　分形维数与径流剪切力的相关关系

10.5　降雨侵蚀力

10.5.1　降雨侵蚀力的时间过程特征

参考降雨侵蚀力简易算法(章文波等,2002),采用降雨总量和降雨强度的乘积表示某一时刻的降雨侵蚀力,其值的大小随雨强和降雨历时的增加而增加(见图 10-26),对于同一降雨侵蚀力,如图 10-26 所示,当降雨侵蚀力为 118 mm · mm/min 时,120 mm/h 降雨经历了不到 25 min,85 mm/h 的降雨经历了近 50 min,而 66 mm/h 的降雨需经历 85 min。对应的不同降雨过程产沙量分别为 180.92 kg、584.49 kg 和 220.53 kg,说明在没有前期降雨的情况下,坡沟系统产沙不仅需要雨强达到一定的强度,同时需要一定的降雨历时。

10.5.2　降雨汇流对侵蚀时空分布的影响

根据出口产流量、坡面沟坡承雨量比例关系推算出坡面产流量,沟坡部分除自身承雨面降雨汇流外还接收坡面来水,也就是说,沟坡部分的侵蚀是由整个坡沟系统降雨产流(总产流)导致的。建立坡面侵蚀率与坡面产流速率、沟坡侵蚀率与总产流速率、坡沟系统侵蚀率与总产流速率的关系(见图 10-27),均满足 $y = ax + b$ 的线性相关关系,也就是说,侵蚀率随产流速率的增加而增加。其中,坡面部分的数据点位于图的左上部,且其线性相关关系的斜率值最大(见表 10-2),说明在坡沟系统中,坡面侵蚀对坡沟系统水沙过程具有增沙作用。

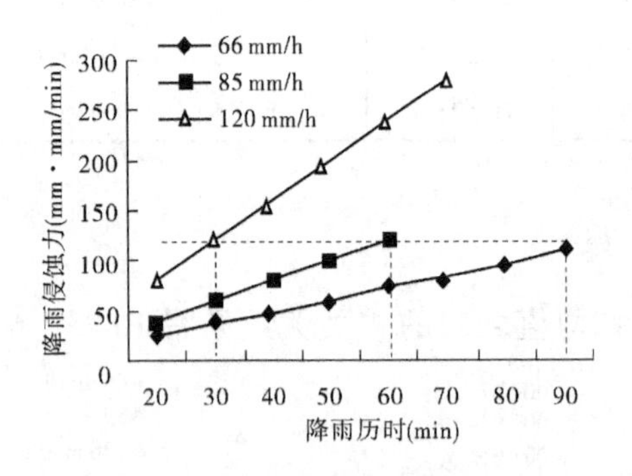

图 10-26　三种雨强降雨侵蚀力大小随降雨历时的分布过程

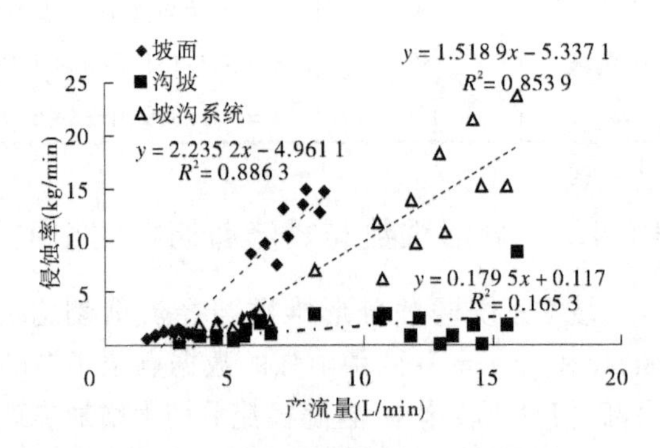

图 10-27　坡沟系统不同部位侵蚀率与产流速率关系

表 10-2　坡沟系统不同空间部位侵蚀率与产流速率拟合关系

空间部位	拟合关系	决定系数 R^2	系数 a	系数 b
坡面	$y = 2.235\,2x - 4.961\,1$	0.886 3	2.235 2	− 4.961 1
沟坡	$y = 0.179\,5x + 0.117$	0.165 3	0.179 5	0.117
坡沟系统	$y = 1.518\,9x - 5.337\,1$	0.853 9	1.518 9	− 5.337 1

将坡沟系统不同空间部位(坡面、沟坡)的侵蚀量与产流速率关系点绘在图 10-28 中,对于坡面部分,侵蚀率随产流速率的增加总体呈 $y = ax + b$(a、b 为系数)线性增加趋势(见表 10-3),降雨强度越大,产流速率和侵蚀率的数值也就越大;对于沟坡部分,66 mm/h 的数据点显示,随产流速率的增加侵蚀率呈增加趋势,85 mm/h 和 120 mm/h 则反映出随产流速率的增加,沟坡侵蚀率数值呈减小趋势(120 mm/h 雨强降雨过程中,一个特殊的数据点位于图的右上侧,该点为降雨 60 ~ 70 min 时段,沟坡底部 G5 断面发生滑塌,造成

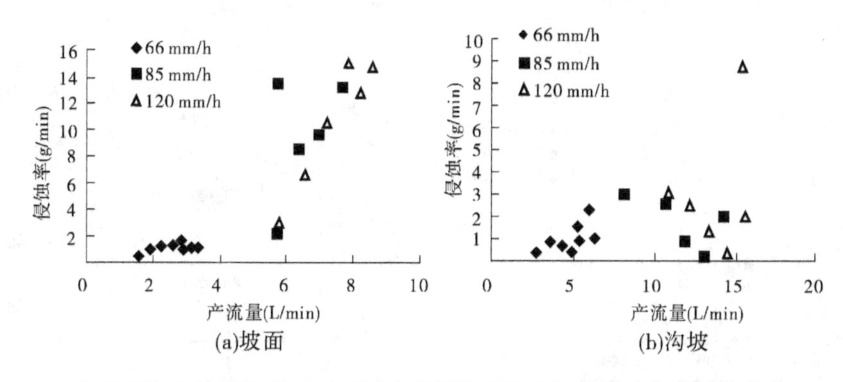

图10-28 雨强对坡沟系统不同空间部位侵蚀率与产流速率关系的影响

该时段瞬时强侵蚀,产流量也剧增造成的)。坡面和沟坡部分侵蚀率随产流速率的变化趋势反映,在85 mm/h和120 mm/h的降雨时间中,坡沟系统的强烈侵蚀部位发生在坡面部分,沟坡部分降雨及产流在输移上方高含沙径流的同时,对沟坡侵蚀发育的作用相对减弱。但总体上,85 mm/h和120 mm/h降雨过程中沟坡部分的侵蚀率高于66 mm/h降雨过程的沟坡部分侵蚀率。

表10-3 坡沟系统不同空间部位侵蚀率与产沙速率拟合关系

空间部位	雨强(mm/h)	拟合关系	决定系数 R^2	系数 a	系数 b
坡面	66	$y=0.3114x+0.3215$	0.346 6	0.311 4	0.321 5
	85	$y=2.828x-8.864$	0.253 5	2.828	-8.864
	120	$y=4.1846x-20.142$	0.903 7	4.184 6	-20.142
沟坡	66	$y=0.353x-0.6888$	0.460 5	0.353	-0.688 8
	85	$y=-0.3106x+5.3203$	0.405 4	-0.310 6	5.320 3
	120	$y=-0.3889x+6.907$	0.412 9	-0.388 9	6.907

10.5.3 分形维数与降雨侵蚀力的相关关系

坡沟系统侵蚀分形维数与降雨侵蚀力的相关关系见图10-29,120 mm/h降雨条件下的坡沟系统分形维数和降雨侵蚀力的关系数据点仍比较特殊,前4个降雨时段(降雨前50 min)的数据点位于图上部,后2个降雨时段的数据点位于图底部。66 mm/h和85 mm/h降雨条件下的数据点在分形维数1.995~2几乎呈带状波动分布。分析表明,分形维数与降雨侵蚀力的相关关系不明显。

降雨侵蚀能力的大小跟降雨强度和降雨历时有关,也就是跟降雨量有关,降雨到达坡沟系统地表后在不同空间部位形成径流,点绘坡沟系统不同空间部位的分形维数与产流速率的关系(见图10-30),发现沟坡部分的分形维数与产流速率呈线性递减关系。也就是说,在有坡面汇水水沙的情况下,沟坡部分产流速率越大,相应的分形维数越小,沟坡侵蚀形态发育过程越慢。

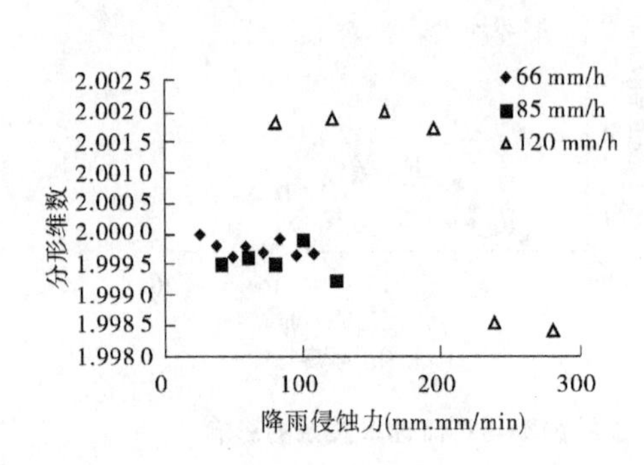

图 10-29 **分形维数与降雨侵蚀力的相关关系**

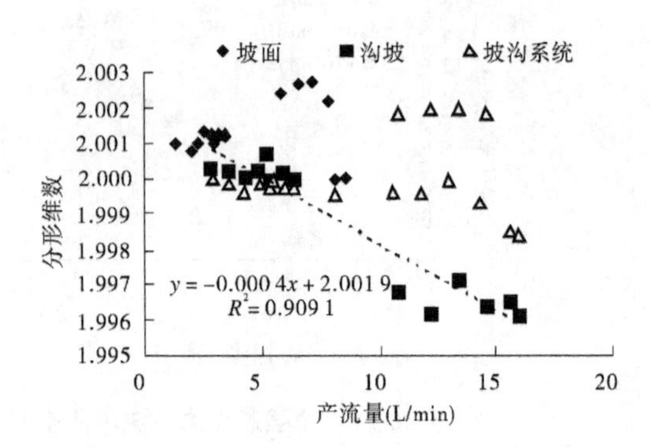

图 10-30 **分形维数与产流速率的相关关系**

10.6 小 结

本节对坡沟系统侵蚀能量参数进行了分析探讨，主要包括径流流速、径流剥蚀率、水流功率、径流剪切力、降雨侵蚀力等，分析了侵蚀能量参数的时间与空间分布特点，并与坡沟系统侵蚀形态分形维数进行了相关性分析。

三种雨强模拟试验条件下，坡沟系统的径流流速大小表现为沟坡 > 坡面，从坡面顶部至沟坡底部空间上表现出递增趋势，在侵蚀强烈部位和沟坡部分径流流速存在降低拐点与降低现象；径流剥蚀率大小表现为坡面 > 沟坡，水流功率大小表现为沟坡 > 坡面，径流剪切力大小为沟坡 > 坡面。

66 mm/h 和 85 mm/h 的数据点显示，分形维数特征值与径流流速、径流剥蚀率与水流功率均呈负相关关系。分形维数与径流剪切力和降雨侵蚀力的相关关系不明显。120 mm/h 的降雨过程中分形维数与各能量参数(径流流速、径流剥蚀率和水流功率等)的相关关系表现特殊的原因与该降雨条件下坡沟系统侵蚀发育过程中侵蚀活跃程度的阶段性特征有关。

同一降雨侵蚀力下，66 mm/h、85 mm/h 和 120 mm/h 对应降雨时段约为 90 min、50 min 和 30 min，相应的产沙量分别为 180.92 kg、584.49 kg 和 220.53 kg，说明在没有前期降雨的情况下，坡沟系统产沙不仅需要一定的降雨强度，同时需要一定的降雨历时。坡面部分的侵蚀率随产流速率呈线性增加趋势，沟坡部分的侵蚀率在 85 mm/h 和 120 mm/h 两种大雨强过程中随产流速率呈减少趋势，沟坡部分的分形维数与产流速率呈线性递减关系。

第 11 章　坡沟系统侵蚀产沙输移规律

11.1　坡沟系统产流、产沙过程

根据试验过程中观察记录结果(见图 11-1),雨强为 66 mm/h、85 mm/h 和 120 mm/h 的降雨条件下坡沟系统初始产流时间分别为 107 s、61 s 和 43 s,由此发现不同大小雨强条件下的坡沟系统初始产流时间也有一定的差距,大雨强下土壤产流较快,小雨强下土壤产流则相对较晚。这是因为土壤的初始入渗能力大于降雨强度,降雨下渗被土壤完全吸收,但随着降雨的继续,土壤的入渗能力会随土壤含水量的增加而逐渐减弱,直到土壤入渗能力小于降雨强度时,坡沟系统则开始产流。而在本试验中,试验前期在填土结束后采取降小雨形式使土槽内土壤达到接近饱和又不产流的程度,已经消除了由于土壤前期含水量不同而给试验带来的影响,这就证明了土壤初始产流时间的不同完全是由雨强不同造成的,雨强越大土壤初始产流时间也就越早。

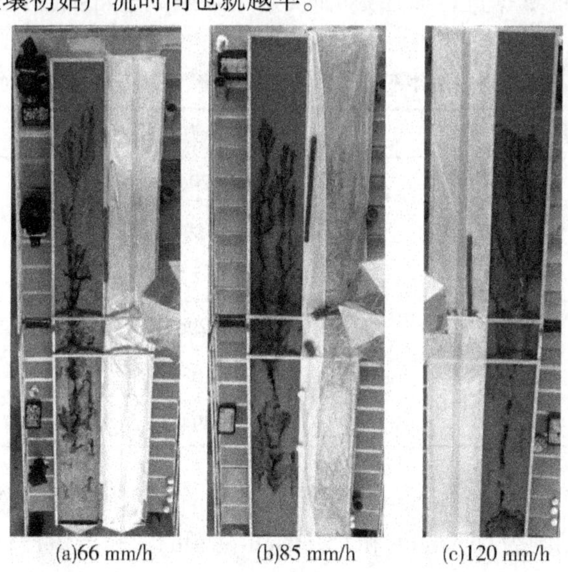

(a)66 mm/h　(b)85 mm/h　(c)120 mm/h

图 11-1　不同雨强试验结束时坡沟侵蚀形态

通过计算三种降雨强度下坡沟系统土壤侵蚀过程的径流泥沙样数据,绘制不同雨强下坡沟系统侵蚀过程累积产流、产沙量随降雨历时变化的折线图,分别见图 11-2 和图 11-3,并分析不同降雨强度下坡沟系统土壤侵蚀产流、产沙特征。

由图 11-2 和图 11-3 可以看出,雨强为 66 mm/h 降雨条件下坡沟侵蚀的累积产流、产沙量曲线均明显低于雨强为 85 mm/h 和 120 mm/h 的累积产流、产沙量曲线,说明雨强越大,坡沟侵蚀在相同的降雨历时内的累积产流、产沙量也就越大,即坡沟侵蚀的累积产流

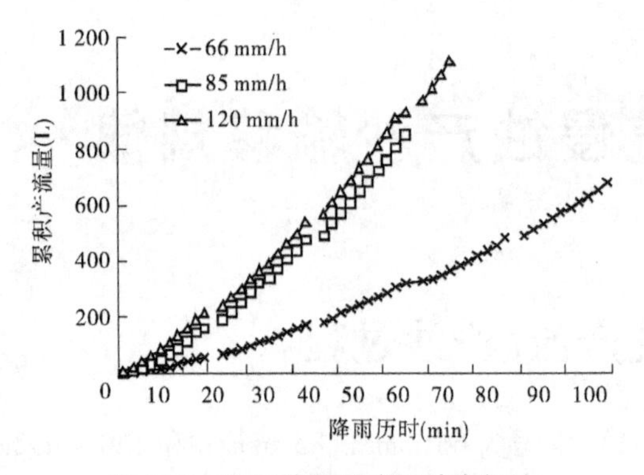

图 11-2　不同降雨强度下坡沟侵蚀累积产流量的变化

1 000
900
800
700
600
500
400
300
200
100
0
-×-66 mm/h
-□-85 mm/h
-△-120 mm/h
累积产沙量(kg)
10 20 30 40 50 60 70 80 90 100
降雨历时(min)

图 11-3　不同降雨强度下坡沟侵蚀累积产沙量的变化

产沙量会随着雨强的增大而增大,随雨强的减小而减小。当雨强相同时,坡沟侵蚀累积产流、产沙量随着降雨历时的增大均呈幂函数增长趋势,且雨强越大,累积产流、产沙量随降雨历时呈幂函数增大的趋势也就越明显,这与肖培青基于降雨模拟试验开展的坡沟系统产流、产沙过程与时间关系满足 $y = ax^b$(a、b 为系数,y 为累积产流量或累积产沙量,x 为降雨历时)相吻合。根据这一规律,利用 Excel 软件分别对各雨强条件下坡沟侵蚀累积产流、产沙量与降雨历时数据进行拟合分析时,采用幂函数进行拟合,各回归方程及对应的相关系数见表 11-1。

表 11-1　不同雨强条件下坡沟侵蚀累积产流、产沙量随降雨历时的变化

项目	雨强(mm/h)	拟合方程式	相关系数 R^2
累积产流量	66	$y = 0.206\,3x^{2.126\,7}$	0.905
	85	$y = 2.294x^{1.750\,1}$	0.986
	120	$y = 8.178x^{1.371\,6}$	0.993
累积产沙量	66	$y = 4.296x^{-19.132}$	0.991 8
	85	$y = 0.263\,9\,x^{2.383\,6}$	0.986
	120	$y = 2.894\,5x^{1.573\,5}$	0.989 9

由图 11-2 我们还可以看出,85 mm/h 和 120 mm/h 两种雨强条件下的累积产流量曲线间的差距并不像雨强为 66 mm/h 和 85 mm/h 两者的累积产流产沙量曲线间的差距一样大,这就说明虽然坡沟侵蚀的累积产流量会随着雨强的增大而增大,但其随雨强增大的速度并不会无限增加,而是会在降雨达到一定程度后逐渐减弱。为进一步分析坡沟侵蚀累积产流量与雨强大小的关系,将图 11-3 中不同雨强条件下降雨历时 20 min 以后的 40 min 的累积产流、产沙量进行比较(在降雨历时 20 min 后,各雨强条件下坡沟系统土壤均已形成地表径流,此时土壤含水量达到饱和,土壤入渗率趋于稳定,之后的产流、产沙过程差异可认为是由雨强不同引起的)。85 mm/h 的雨强大小是 66 mm/h 的 1.89 倍,其累积产流量是 66 mm/h 的 5.38 倍;120 mm/h 的雨强大小是 85 mm/h 的 1.41 倍,其累积产流量是 42 mm/h 的 1.09 倍。于是发现雨强增加相近倍数,但各雨强条件对应的坡沟侵蚀

累积产流量增加的倍数并不相近,而是在逐渐减小,这就说明,随着降雨强度的增加,坡沟系统侵蚀过程的累积产流量呈增加趋势,但当降雨达到一定强度后,产流量随降雨强度增加的趋势便会减弱。

而在图11-3中,虽然85 mm/h和120 mm/h两种雨强条件下的累积产沙量曲线间依然明显比雨强为66 mm/h的累积产沙量曲线高,但是雨强为85 mm/h和120 mm/h的累积产沙量曲线却出现了交叉点。由图可以看出,在降雨历时的前30 min,雨强为120 mm/h的累积产沙量高于雨强为85 mm/h的累积产沙量,在降雨历时30～42 min时间段内,两种雨强的累积产沙量并无明显差距,而在降雨进行28 min后,雨强为85 mm/h的累积产沙量则高于雨强为120 mm/h的累积产沙量。降雨刚开始时,坡沟侵蚀产沙量会随着雨强的增大而明显增大,但随着降雨持续,雨强为85 mm/h和120 mm/h条件下的累积产沙量逐渐相等,之后甚至雨强为85 mm/h条件下的坡沟侵蚀累积产沙量高于雨强为120 mm/h的累积产沙量,这就说明了坡沟侵蚀累积产沙量会随雨强的增大而增大,但是表现出的这种增大趋势并不是无限制的,而是会在降雨达到一定强度以后逐渐减小。

11.2　坡沟侵蚀产流、产沙的阶段性特征

11.2.1　侵蚀发育过程及产流、产沙特征

在时间尺度上,不同的降雨强度条件下,坡沟系统侵蚀发生和发展阶段不同。一般来说,坡面土壤水力侵蚀的发生、发展过程包括坡面溅蚀、面蚀和沟蚀三个过程,其中沟蚀过程主要包括细沟侵蚀、浅沟侵蚀等。限于模型的空间尺度(包括长度、宽度)往往较小,当坡面出现侵蚀沟后,由于汇水面积比较小,侵蚀沟由细沟发育到浅沟的空间受限,所以在目前的室内坡面模型上难以发育出具有严格意义的浅沟。于是我们把侵蚀沟宽、深达到20 cm以上(只要模型土层厚度允许,下切深度也可以达到40 cm以上),上部有一定的汇水面积,沟床下切、沟头前进的侵蚀形态较为突出的侵蚀沟初步定义为"准浅沟"。本试验将此次试验条件下坡沟系统地表侵蚀发育过程分为面蚀阶段(细沟形成之前)、细沟侵蚀阶段(细沟形成到细沟宽、深在20 cm以内)、准浅沟侵蚀阶段(侵蚀沟宽、深均大于20 cm),三个阶段的侵蚀形式在坡沟系统侵蚀发育过程中陆续出现并伴随存在,以后一种侵蚀方式出现并成为坡沟系统主要侵蚀方式的时间作为侵蚀方式划分的节点。

不同雨强条件下坡沟系统产沙过程见图11-4。从图中可以看出,沟坡系统侵蚀产沙量在不同雨强的降雨条件下均随着降雨时间的增长呈波动上升趋势。其中,66 mm/h降雨条件下的产沙过程线最低,在历时100 min的降雨过程中,前30 min降雨时段内产沙过程呈明显的增加趋势,30～60 min降雨时段内产沙过程相对处于波动稳定状态,60 min之

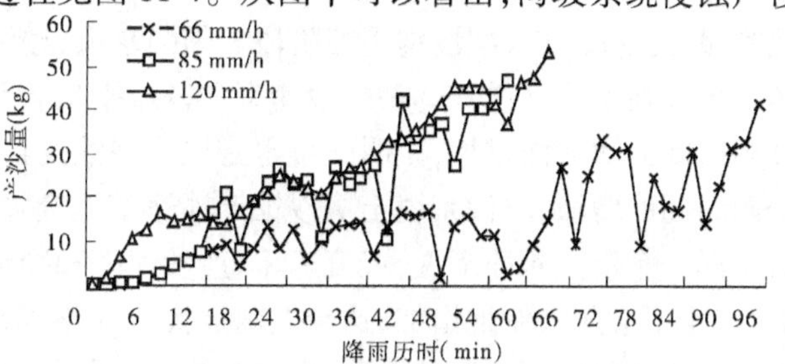

图11-4　不同雨强条件下坡沟系统产沙过程

后侵蚀过程又进入一个新的波动增加阶段；对于 85 mm/h 和 120 mm/h 的降雨过程，坡沟系统产沙过程线较接近，在降雨的前 16 min 内，120 mm/h 降雨的产沙过程线明显高于 85 mm/h 降雨的产沙过程线，这是因为降雨刚开始阶段，大雨强的降雨使具有较大能量和侵蚀力的雨滴在坡面发生溅蚀与面蚀，雨滴的打击对坡面土壤做功，使土粒飞溅并向下迁移，土壤结构破坏，导致降雨侵蚀和地表径流的输沙能力增大，而 20 min 之后，85 mm/h 和 120 mm/h 的降雨产沙过程线差别不再明显，表明坡沟系统地表侵蚀发育一旦开始，85 mm/h 以上的降雨均能导致较强的水土流失。

11.2.2 不同发育阶段产流、产沙特征

结合坡沟系统产流、产沙过程线和试验过程照片观测记录数据，统计各雨强条件下坡沟系统侵蚀发育时段，各阶段平均产流、产沙速率及平均含沙量等数据特征（见表 11-2），探讨坡沟系统坡面侵蚀产流、产沙的阶段性特征。

表 11-2 坡沟系统产流、产沙的阶段性特征

项目	阶段	不同雨强（mm/h）		
		66	85	120
各阶段持续时间（min）	面蚀	0 ~ 20	0 ~ 16	0 ~ 14
	细沟	20 ~ 50	16 ~ 40	14 ~ 40
	准浅沟	50 ~ 100	40 ~ 62	40 ~ 67
产流速率（mL/min）	面蚀	2 206	5 466	9 698
	细沟	3 497	14 619	15 396
	准浅沟	11 725	18 953	21 468
产沙速率（g/min）	面蚀	767	2 116	5 490
	细沟	1 596	12 941	9 953
	准浅沟	3 155	21 737	19 898
平均含沙量（g/mL）	面蚀	0.27	0.32	0.39
	细沟	0.35	0.66	0.59
	准浅沟	0.46	0.87	0.64

由表 11-2 可知，雨强越大，侵蚀由面蚀过渡到细沟侵蚀的时间越短，同样出现准浅沟侵蚀的时间也越早，在 66 mm/h 的雨强条件下整个坡沟系统侵蚀发育过程中前 20 min 属于面蚀阶段，之后的 20 ~ 50 min 属于细沟侵蚀阶段，50 ~ 100 min 为准浅沟阶段；85 mm/h 和 120 mm/h 雨强条件下，面蚀阶段分别维持了 16 min 和 14 min，40 min 之前均为细沟侵蚀阶段，之后均进入准浅沟侵蚀阶段。雨强越大，侵蚀发育进入下一个阶段也就越早。对同一种雨强条件来说，产流、产沙速率和径流平均含沙量随侵蚀阶段的发展而增大，即随降雨时间的增加而增加，说明雨量也是坡沟侵蚀发育的重要影响因素，同种雨强条件下随降雨时间的增加，坡沟系统土壤侵蚀产沙速率逐渐增加，侵蚀过程中地表切割也越严重。对于同一个侵蚀阶段来说，产流速率、产沙速率和径流平均含沙量会随着雨强的增大而增加，但也不会无限制地增加，这与之前坡沟侵蚀累积产流、产沙量随雨强增大而表现出的增大趋势并不是无限制的，而是会在达到一定降雨强度以后逐渐减小的结论一致，坡沟侵蚀产流、产沙速率会随雨强的增大而增大，但当降雨达到一定强度后，产流、产沙速率增加

的趋势就会减弱。

在分析坡沟侵蚀产流、产沙的阶段性特征时我们发现，坡沟侵蚀过程中的产流和产沙都是雨强和雨量共同作用的结果，为进一步研究雨量和雨强对产流、产沙过程的作用程度，根据表 11-2 中不同雨强条件下各侵蚀阶段持续时间数据，统计各阶段的累积降雨量和相应的降雨强度（见表 11-3）。

表 11-3　不同降雨强度下坡沟系统各侵蚀阶段的产流产沙特征

降雨强度(mm/h)	侵蚀阶段	累积降雨量(mm)	产流速率(mL/min)	产沙速率(g/min)
66	面蚀	22	2.87	0.99
	细沟侵蚀	88	3.14	1.44
	准浅沟侵蚀	110	11.73	3.16
85	面蚀	23	5.47	2.12
	细沟侵蚀	57	14.62	12.94
	准浅沟侵蚀	88	18.95	21.74
120	面蚀	28	9.70	5.49
	细沟侵蚀	80	15.40	9.95
	准浅沟侵蚀	134	21.47	19.90

将各阶段对应的累积降雨量（P）和相应的降雨强度（I）进行回归分析，发现产沙速率（S_q）、产流速率（W_q）与累积降雨量（P）、降雨强度（I）满足以下关系式

$$S_q = 62.61P + 171.63I - 6\,320.19 \quad (R = 0.723\,1) \tag{11-1}$$

$$W_q = 27.58P + 143.76I - 4\,636.97 \quad (R = 0.825\,6) \tag{11-2}$$

从式（11-1）、式（11-2）变量的回归系数可以看出，雨强对产沙速率的作用系数（171.63）是降雨量对产沙速率作用系数（62.61）的 2.74 倍，雨强对产流速率的作用系数（141.76）是降雨量对产流速率作用系数（27.58）的 5.21 倍。可见降雨强度对坡沟系统产流速率和产沙速率的影响作用程度更大。这与卫伟等在定西市安家沟小流域开展的水土流失过程对降雨特性和下垫面的尺度响应中得出的结论一致，即在降雨特征值中，降雨强度对水土流失的贡献率最大。

11.2.3　不同发育阶段侵蚀分布及贡献率

将侵蚀时空分布结果根据侵蚀发育阶段进行嵌套分割汇总，得到不同侵蚀发育阶段坡沟系统不同空间部位的侵蚀产沙量和产沙贡献率（见表 11-4、图 11-5）。66 mm/h 降雨过程中，坡沟系统坡面部分的侵蚀贡献率在面蚀、细沟侵蚀、准浅沟侵蚀阶段分别为 55%、64% 和 41%，同一发育阶段沟坡部分的侵蚀贡献率分别为 45%、36% 和 41%；85 mm/h 降雨过程中，在面蚀、细沟侵蚀、准浅沟侵蚀阶段坡面和沟坡的侵蚀贡献率分别为 31%、67%、67% 和 69%、33%、33%；120 mm/h 降雨过程中，坡沟系统坡面部分的侵蚀贡献率在面蚀、细沟侵蚀、准浅沟侵蚀阶段分别为 50%、79% 和 79%，同一发育阶段沟坡部分的侵蚀贡献率分别为 50%、21% 和 21%。结合坡沟系统侵蚀形态发育和试验过程观测，说明在 85 mm/h 和 120 mm/h 的大雨强降雨过程中，坡面侵蚀沟沟头前进、沟岸扩展

发育,造成坡面侵蚀量剧增,坡面部分的侵蚀产沙贡献率加大。

表 11-4　坡沟系统不同发育阶段的侵蚀分布及贡献率

侵蚀阶段	空间部位	66 mm/h		85 mm/h		120 mm/h	
		产沙量(kg)	贡献率(%)	产沙量(kg)	贡献率(%)	产沙量(kg)	贡献率(%)
面蚀	坡面	8.73	55.00	35.94	30.72	41.85	50.19
	沟坡	7.14	45.00	81.06	69.28	41.53	49.81
	坡沟系统	15.87	—	116.99	—	83.38	—
细沟	坡面	52.46	64.02	191.30	67.11	197.70	78.96
	沟坡	29.49	35.98	93.77	32.89	52.68	21.04
	坡沟系统	81.95	—	285.08	—	250.38	—
准浅沟	坡面	33.72	40.58	267.21	67.44	428.06	79.40
	沟坡	49.38	59.42	128.98	32.56	111.07	20.60
	坡沟系统	83.10	—	396.19	—	539.13	—

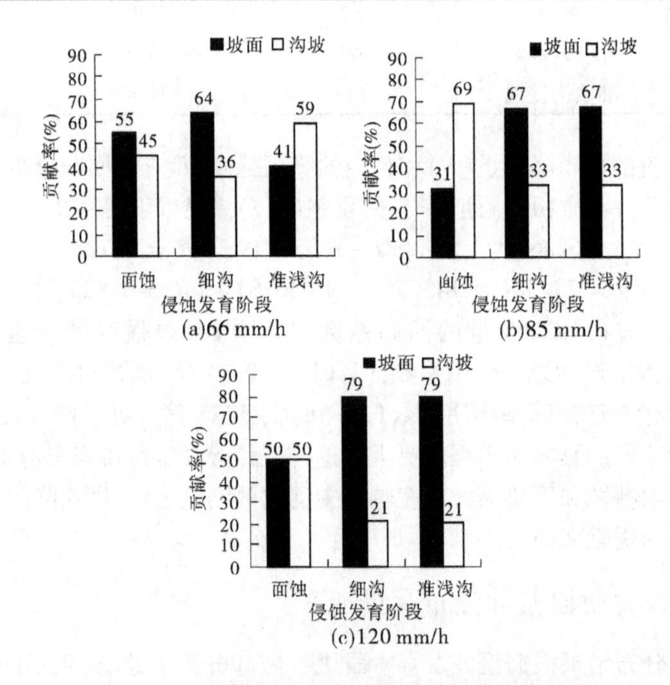

图 11-5　不同侵蚀发育阶段贡献率空间分布特征

11.3　坡沟系统水沙输移及传递规律

11.3.1　径流含沙量的时空分布特征

通过比重法或烘干法分析坡沟系统的沿程泥沙样,计算各个断面的径流含沙量,分析不同雨强条件下坡沟系统各个断面径流含沙量的序时变化过程,阐述坡沟系统不同发育阶段径流含沙量的沿程分布规律。结合坡沟系统侵蚀量的序时和沿程分布规律，阐述坡沟系统的侵蚀过程与水沙传递关系。

根据三种雨强试验条件下 10 个断面径流含沙量观测数据，对坡沟系统侵蚀产沙量空间分布特征进行分析，径流含沙量的场次平均情况显示(见图 11-6)，坡沟系统内从坡面顶部至沟坡底部基本呈增加趋势，其中 85 mm/h 和 120 mm/h 两种雨强条件下的径流含沙量曲线明显高于 66 mm/h 的径流含沙量曲线，且沟坡部分(G1 ~ G5 断面)一直处于高含沙量状态，前述研究表明，这两种雨强下，坡面侵蚀剧烈，导致下游径流挟带泥沙量明显增大。

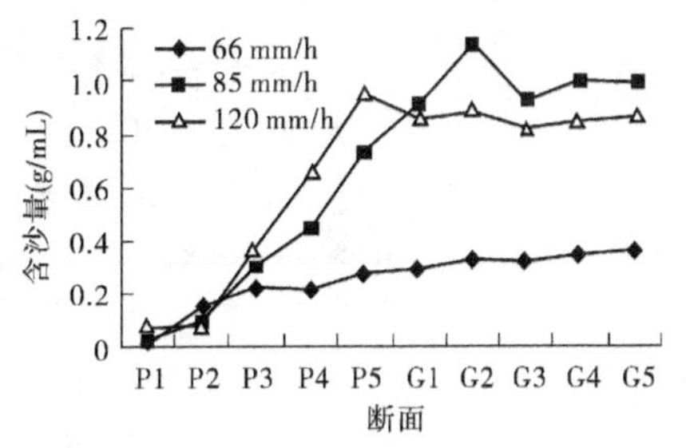

图 11-6　径流沿程含沙量空间分布特征

根据各场次降雨过程中坡沟系统细沟和准浅沟出现的时间，人为将坡沟系统侵蚀过程分为面蚀阶段、细沟侵蚀阶段和准浅沟侵蚀阶段，根据试验观测过程数据分别统计出三个阶段的径流沿程含沙量。

图 11-7 显示，随着侵蚀阶段的发展，径流含沙量总体呈增加趋势，径流含沙量表现为面蚀 < 细沟 < 浅沟。66 mm/h 的降雨条件下，在面蚀阶段，沟坡部分的径流含沙量远高于坡面部分的径流含沙量；至细沟侵蚀阶段，随着细沟侵蚀的发育和沟头溯源侵蚀，坡面部分侵蚀发育明显，侵蚀量随之增加较快，径流挟带的泥沙含量也随之增加，表现为坡面径流含沙量明显高于面蚀阶段；至准浅沟侵蚀阶段，坡面部分的径流含沙量大小基本达到了沟坡部分的径流含沙量水平。85 mm/h 和 120 mm/h 的降雨试验过程中，坡沟系统径流含沙量的沿程分布特征类似，进入细沟侵蚀和准浅沟侵蚀阶段，因坡沟系统侵蚀强烈地带分布不同，坡沟系统径流沿程含沙量表现出差异，如 85 mm/h 的侵蚀带以沟坡顶部 G1 断面为中心，其对应径流含沙量高值区域位于 G2 及以后断面，120 mm/h 的侵蚀带以坡面中下部 P3、P4 为中心，其对应的径流含沙量高值区域基本从 P4 断面开始表现出来。

坡沟系统出口径流含沙量是坡面和沟坡径流挟带泥沙量的综合反映。结合坡沟系统径流含沙量的空间分布特征分析，利用三种雨强条件下坡沟侵蚀过程中的各断面径流含沙量数据，根据径流含沙量公式进一步得到不同降雨历时同一断面的沟坡、坡面和出口处径流含沙量 S_g、S_p、S_{g-p}的平均值，拟合 S_g、S_p、S_{g-p}相关关系，结果见表 11-5。

3 种雨强下坡沟系统含沙量(S_{p-g})、坡面径流含沙量(S_p)和沟坡径流含沙量(S_g)在 6 个降雨时段的分布见图 11-8。由图中可以看出，随降雨历时的延长(降雨时段的延续)，径流含沙量总体呈增加趋势，尤其是 85 mm/h 和 120 mm/h 降雨更加明显。整个坡沟系统的径流含沙量介于坡面和沟坡径流含沙量之间，将坡沟系统 S_{p-g}与坡面 S_p、沟坡 S_g 做进一步回归分析发现(见图 11-9)：在 85 mm/h 和 120 mm/h 雨强条件下，S_{p-g}与 S_p 和 S_g 均呈正相关关系；在 66 mm/h 雨强条件下，S_{p-g}与 S_g 呈正相关关系，与 S_p 呈负相关关系。进一步分析 S_g 和 S_p 的系数发现，沟坡径流含沙量对坡沟系统径流含沙量的作用程度均强于坡面径流含沙量对坡沟系统径流含沙量的作用程度，如在 66 mm/h 雨强条件下，S_g 和 S_p 的系数比为1.36∶1.00，85 mm/h 和 120 mm/h 雨强下，S_g 和 S_p 的系数比分别为3.18∶1.00和 29.35∶1.00，说明雨强越大，沟坡产沙对坡沟系统出口径流含沙量增沙程度

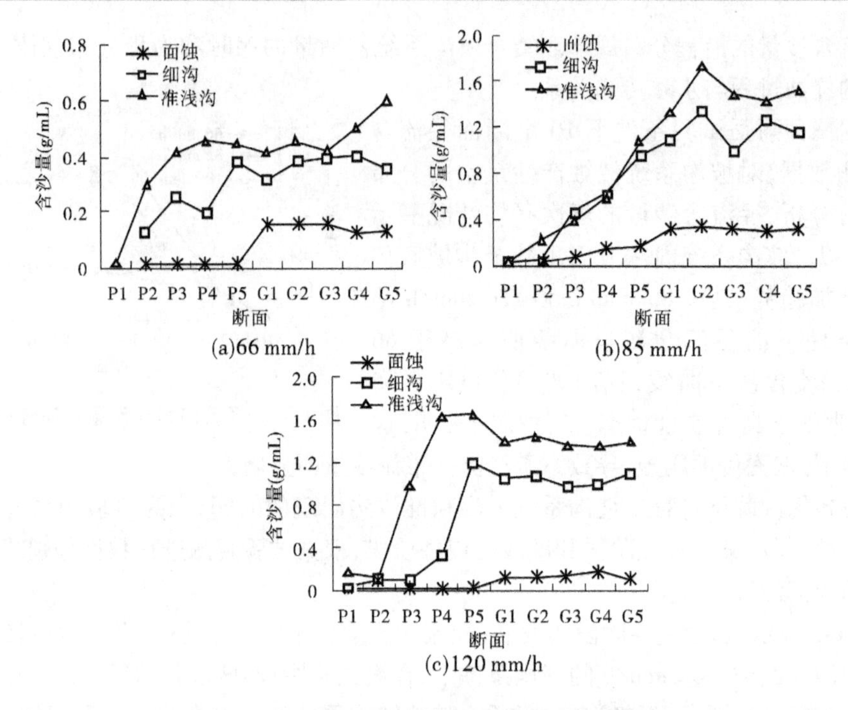

图 11-7　不同侵蚀阶段径流沿程含沙量分布特征

表 11-5　坡沟系统径流含沙量与坡面、沟坡径流含沙量的相关关系

雨强(mm/h)	拟合方程	相关系数 R
66	$S_{p-g}=0.7873S_g-0.5802S_p$	0.998 4
85	$S_{p-g}=0.7060S_g+0.2222S_p$	0.991 2
120	$S_{p-g}=0.8305S_g+0.0283S_p$	0.994 0

越强。因此，要控制坡沟系统径流含沙量，须同时考虑降低坡面和沟坡的径流含沙量，尤其是沟坡部位的径流含沙量。

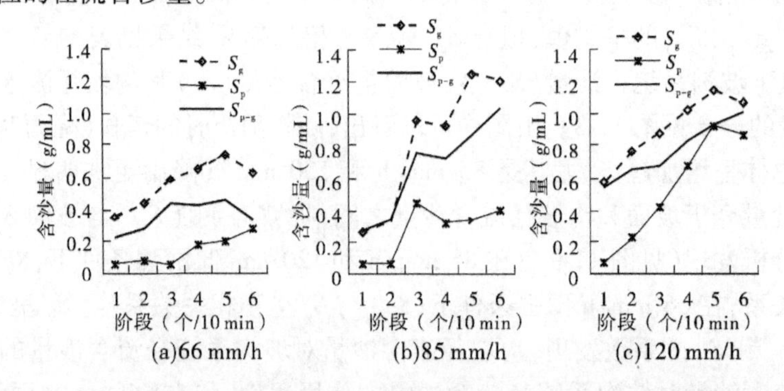

图 11-8　不同雨强下坡沟系统中坡面、沟坡水沙相关关系

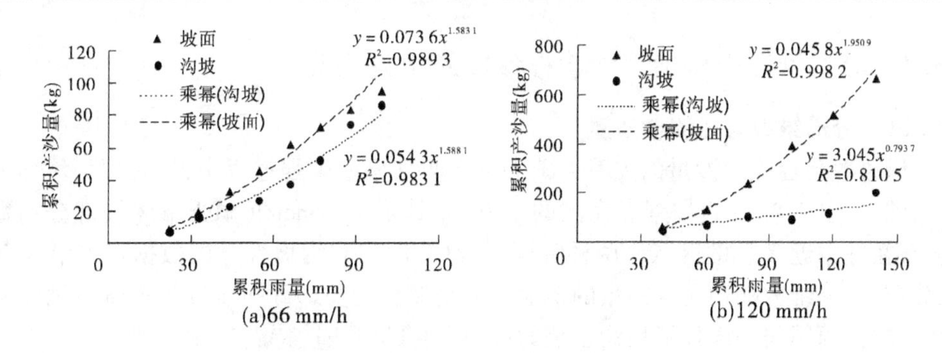

(a)66 mm/h　(b)120 mm/h

图 11-9　坡面和沟坡产沙与累积降雨的关系(66 mm/h 与 120 mm/h)

11.3.2　产沙系数的时空分布特征

产沙系数是表示单位汇流面积单位降雨汇流的产沙能力,图 11-10 为三种雨强下坡沟系统中坡面和沟坡部分的产沙系数时空分布特征。从图中可以看出,随降雨历时的增加,坡沟系统中坡面和沟坡部分的产沙能力总体呈增加趋势,也基本反映了随降雨持续侵蚀的活跃部位的动态转换情况。如 85 mm/h 的降雨过程中降雨 40 min 之后侵蚀主要来自于坡面部分;120 mm/h 的降雨过程中降雨 50 min 左右沟坡部分的侵蚀量最低,降雨 50 ~60 min 时段侵蚀主要在坡面部分。

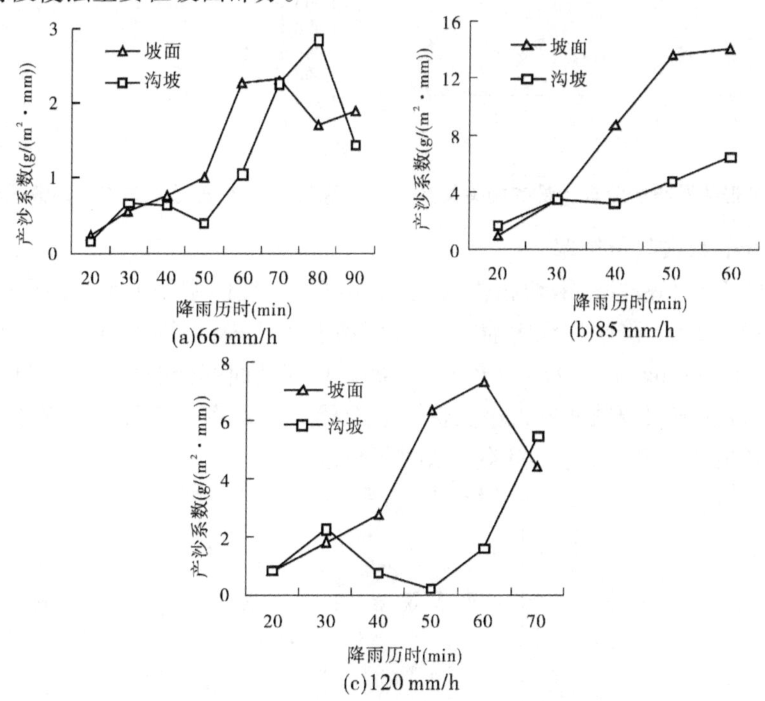

(a)66 mm/h　(b)85 mm/h　(c)120 mm/h

图 11-10　三种雨强下产沙系数的时空分布特征

11.3.3　分形维数与侵蚀产沙输移参数的相关关系

11.3.3.1　分形维数与径流含沙量

分形维数与径流含沙量的关系见图 11-11，两种典型雨强过程中，均表现为坡面的数据点在图的上方，沟坡的数据点在图的下方，尤其是 120 mm/h 雨强下沟坡部分的数据点，分布在图中近 X 轴的区域。两种降雨过程中，坡面和沟坡部分的数据点均沿 X 轴呈带状分布，分形维数随径流含沙量的增加呈波动变化趋势（120 mm/h 坡面部分两个数据点分布异常，原因与该雨强下坡沟系统的侵蚀发育的阶段性特点有关）。

11.3.3.2　分形维数与产沙系数

分形维数与产沙系数的关系见图 11-12，分布特征与图 11-11 类似，分形维数随产沙系数的增加呈带状波动变化。产沙系数的变化过程与降雨量、过流面积和侵蚀量的综合体现，与侵蚀形态量化指标——分形维数的关系不明显。

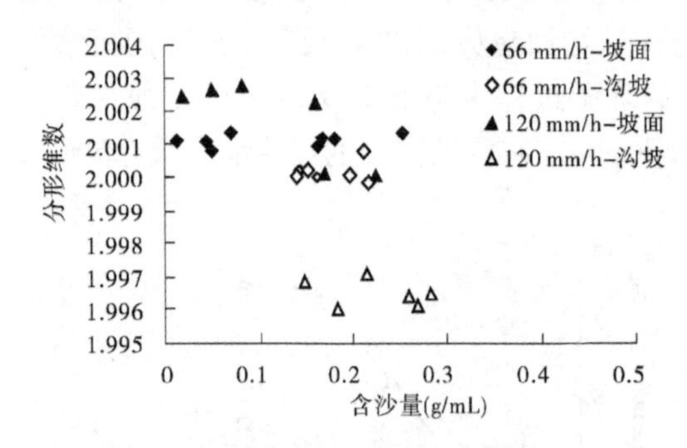

图 11-11　分形维数与径流含沙量的相关关系

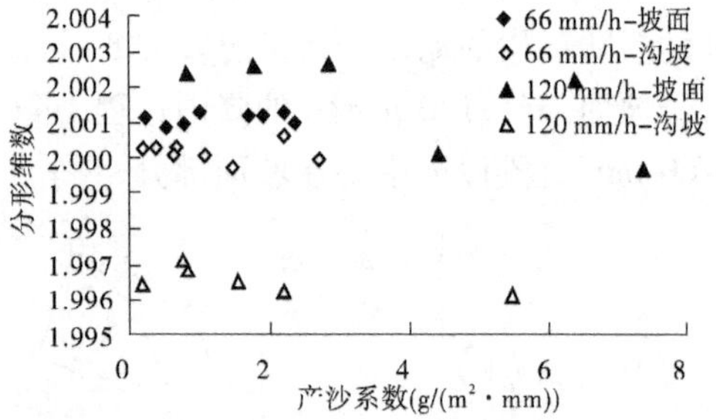

图 11-12　分形维数与产沙系数的相关关系

11.3.3.3　分形维数与侵蚀率

侵蚀率的大小和侵蚀量密切相关，点绘分形维数与侵蚀率的关系（见图 11-13），对于 66 mm/h和 120 mm/h 降雨过程中前 50 min 侵蚀发育阶段，坡面部分的分形维数与侵蚀率满足 $y = 0.000\,6\ln x + 2.001\,2$（$R^2 = 0.769\,7$），即坡面部分的分形维数随坡面侵蚀率增加而增大，说明坡面侵蚀率的大小反映了坡面侵蚀的发育活跃程度。对于整个坡沟系统或坡沟系统的沟坡部分，这种相关关系则不明显。

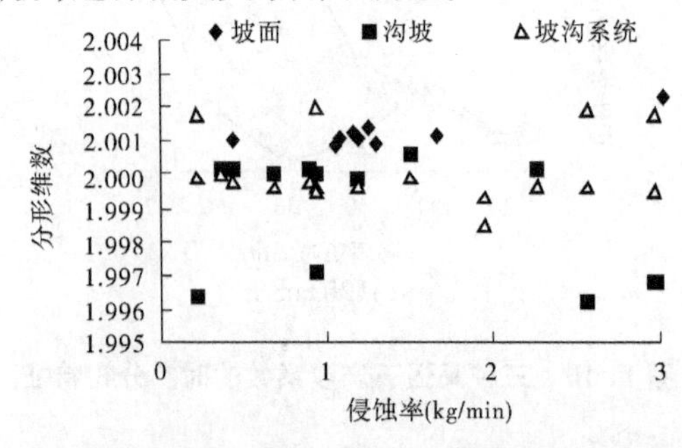

图 11-13　坡沟系统不同空间部位分形维数与侵蚀率的关系

11.4 小　结

(1)根据试验观测数据分析各场次降雨的坡面与沟坡系统侵蚀产沙量序时变化过程,表明沟坡系统侵蚀产沙量在不同雨强的降雨条件下均随着降雨时间的增长呈波动上升趋势。66 mm/h 降雨条件下的产沙过程线最低,在历时 100 min 的降雨过程中,前 20 min 降雨时段内产沙过程呈明显的增加趋势,30 ~60 min 降雨时段内产沙过程相对处于波动稳定状态,60 min 之后侵蚀过程又进入一个新的波动增加阶段;85 mm/h 和 120 mm/h的降雨过程,坡沟系统产沙过程线较接近,在降雨的前 16 min 内,120 mm/h 降雨的产沙过程线明显高于 85 mm/h 降雨的产沙过程线,20 min 之后,85 mm/h 和 120 mm/h 的降雨产沙过程线差别不再明显,说明坡沟系统地表侵蚀发育一旦开始,85 mm/h 以上的降雨均能导致较强的水土流失。

(2)随降雨历时的延长(降雨时段的延续),径流含沙量总体呈增加趋势,尤其是 85 mm/h 和 120 mm/h 降雨更加明显;在 85 mm/h 和 120 mm/h 雨强条件下,S_{p-g}与 S_p 和 S_g 均呈正相关关系;在 66 mm/h 雨强条件下,S_{p-g}与 S_g 呈正相关关系,与 S_p 呈负相关关系。进一步分析 S_g 和 S_p 的系数发现,66 mm/h 雨强条件下 S_g 和 S_p 的系数比为 1.36∶1.00,85 mm/h 和 120 mm/h 雨强下 S_g 和 S_p 的系数比分别为 3.18∶1.00 和 29.35∶1.00,说明雨强越大,沟坡产沙对坡沟系统径流含沙量增沙程度越强。

坡面段的径流含沙量沿程递增,沟坡段的径流含沙量基本处于峰值区域且相互差别不大,整个坡沟系统沟坡段的径流含沙量显著高于坡面段的径流含沙量。坡沟系统径流含沙量与侵蚀分布“空间不同步”,含沙量过程滞后于侵蚀 1 ~2 个断面;随侵蚀阶段的发展,径流含沙量呈增加趋势,各侵蚀阶段的径流含沙量大小表现为面蚀 < 细沟侵蚀 < 准浅沟侵蚀。

在面蚀、细沟侵蚀、准浅沟侵蚀阶段不同雨强条件下,坡沟系统不同部位侵蚀贡献率不同。66 mm/h 降雨过程中坡面和沟坡部分的侵蚀贡献率分别为 55%、64%、41% 和 45%、36%、59%;85 mm/h 降雨过程中坡面和沟坡部分的侵蚀贡献率分别为 31%、67%、67% 和 69%、33%、33%;120 mm/h 降雨过程中,坡沟系统坡面和沟坡部分的侵蚀贡献率分别为 50%、79%、79% 和 50%、21%、21%。在大雨强降雨过程中,坡面侵蚀沟沟头前进、沟岸扩展发育,造成坡面侵蚀量剧增,坡面部分的侵蚀产沙贡献率加大。

分形维数和水沙输移参数中,径流含沙量与产沙系数的相关关系不明显,坡面分形维数与坡面侵蚀率呈较好的非线性相关关系,说明坡面侵蚀率大小能较好地反映坡面侵蚀形态的发育强度。

参考文献

[1] Aaron Y, Naama Raz - Y. Hydrological processes in a small arid catchment scale effects of rainfall and slope length[J]. Geomorphology,2004,61(1-2): 155-169.

[2] Abrahams A D, Li G. Effect of saltating sediment on flow resistance and bed roughness in overland flow [J]. Earth Surface Processes and Landforms, 1998, 23(10): 953-960.

[3] Alonso C V, Neibling W H, Foster G R. Estimating sediment transport capacity in watershed modeling [J]. Transactions of the ASAE, 1981, 24(5):1211-1220.

[4] An J, Zheng F L, Lu J,et al. Investigating the role of raindrop impact on hydrodynamic mechanism of soil erosion under simulated rainfall conditions[J]. Soil Science,2012, 177(8): 517-526.

[5] Brunton D A, Bryan R B. Rill network development and sediment budgets [J]. Earth Surface Processes and Landforms, 2000, 25(7): 783-800.

[6] Bryan R B. The influence of slope angle on soil entrainmentby sheet and rainsplash[J]. Earth Surface Process, 1979(4): 43-48.

[7] Foster G R, Huggins L F. Deposition of sediment by overland flow on concave slopes[J]. Soil Erosion Predictionand Control, 1976, 21: 167-180.

[8] Foster G R, Wischmeier W H. Evaluation irregular slopes for soil prediction[J]. Transactions of the ASAE, 1974, 17(2):305-309.

[9] Fujiwara T, Fukada M. An experimental study of the rill formation process on a bare slope[J]. Technology reports of the Yamaguchi University, 1990,4 (4): 313-323.

[10] Fujiwara T, Fukada M. Study on the fractal dimension of rill patterns that develop on Hillslope[J]. International Workshop on Conservation Farming on Hillslopes, 1989, 1(2): 1-13.

[11] Gabriels D. The effect of slope length on the amount and size distribution of eroded silt loam soils: short slope laboratory experiments on interrill erosion[J]. Geomorphology, 1999,28:169-172.

[12] Gary L, Abrahams A D. Controls of sediment transport capacity in laminar interrill flow on stone-covered surfaces[J]. Water Resources Research, 1999, 35(1): 305-310.

[13] Gomez J A, Darboux F, Nearing M A. Development and evolution of rill networks under simulated rainfall[J]. Water Resources Research , 2003, 39 (6) : 1-13.

[14] Govers G. Rill erosion on arable land in Central Belgium:Rates,controls and predictability[J]. Catena, 1991,18(2):133-155.

[15] Govers G, Rauws G. Transporting capacity of overland flow on plane and on irregular beds[J]. Earth Surface Processes and Landforms, 1986, 11(5): 515-524.

[16] Govers G. Empirical relations for the sediment transport capacity of overland flow[J]. IAHS Press, 1990 (3): 45-63.

[17] Guy B T, Dickinson W T, Rudra R P, et al. Evaluation of fluvial sediment transport equations for overland flow[J]. Transactions of the ASAE, 1992, 35(2):545-555.

[18] Horton R E. Erosional development of streams and theirdrainage basins: Hydrophysical approach to quantitative morphology[J]. GSA Bulletion,1945,56(3): 275-370.

[19] Julien P Y, Simond B. Sediment transport capacity of overland flow[J]. Transactions of the ASAE,

1985, 28: 755-762.

[20] Kirkby M J, Chorley R J. Through flow, overland flow and erosion[J]. International Association of Scientific Hydrology, 1967, 12(3):5-21.

[21] Kumar B. Incipient motion design of sand bed channels affected by bed suction[J]. Computers and Electronics in Agriculture, 2010, 53(5): 321-328.

[22] Liu B Y, Nearing M A, Risse L M. Slope gradient effects on soil loss for steep slopes [J]. Transactions of the ASAE, 1994, 37(6):1835-1840.

[23] Liu Q Q, Chen L, Li J C, et al. A non-equilibrium sediment transport model for rill erosion[J]. Hydrological Processes , 2007, 21: 1074-1084.

[24] Lu J Y, Cassol E A. Moldenhauer W C. Sediment transport relationships for sand and silt loam soils [J]. Transactions of the ASAE, 1989, 32(6):1923-1931.

[25] Mandelbrot B B. Fractal: Form, chance and dimension[M]. Sen Francisco: Freeman, 1977.

[26] Mandelbrot B B. How long is the coast of Britain? Statistical self-simility and fractional dimension[J]. Science, 1967, 156(3775): 636-638.

[27] Mandelbrot B B. The fractal geometry of nature[M]. New York: W H Freeman, 1982.

[28] Moore I D, Burch G J . Sediment transport capacity of sheet and rill flow: Application of unit stream power theory[J]. Water Resource Research , 1986, 22(8):1350-1360.

[29] Mortolock D F. A self-organizing dynamics system approach to the simulation of rill initiation and development on hill-slopes[J]. Computer&Geosciences, 1998, 24 (4): 353-372.

[30] Mosley M P. Experimental study of rill erosion[J]. Trans ASAE, 1974, 17(5): 909-916.

[31] Mutchler C K, Greer J D. Effect of slope length on erosion from low slopes[J]. Transactions of the ASAE, 1980, 23(4): 866-869.

[32] Nearing M A. A single continuous function for slope steepnesss influence on soil loss[J]. Soil Science Society of America Journal, 1997, 61(3):917-919.

[33] Nearing M A, Norton L D, Bulgakov D A, et al. Hydraulics and erosion in eroding rills[J]. Water Resources Research, 1997, 33(4): 865-876.

[34] Parker C, Clifford J N, Thorne R C. Understanding the influence of slope on the threshold of coarse grain motion: Revisiting critical stream power[J]. Geomorphology, 2011, 126(1):51-65.

[35] Parker R S. Experimental study of drainage system evolution and its hydrologic implications [D]. ColoState Univ, Fort Collins, 1977.

[36] Reichert J M, Norton L D. Rill and interrill erodibility and sediment characteristics of clayey Australian Vertosols and a Ferrosol[J]. Soil Research, 2013, 47: 991-995.

[37] Renard K G, Foster G R. Revised universal soil loss equation[J]. J Soil Water Conserv, 1991, 46:30-33.

[38] Renner F G. Conditions influencing erosion of the boise river watershed [B]. Washington DC: U. S. Department of Agriculture, 1936.

[39] Shen H O, Zheng F L, Wen L L, et al. An experimental study of rill erosion and morphology [J]. Geomorphology, 2015, 231:193-201.

[40] Singer M J, Blackard J. Slope angle-interrill soil loss relationships for slopes up to 50% [J]. Soil Sci Soc Am J, 1982, 46(6):1270-1273.

[41] Smith D D, Wischmeier W H. Factors affecting sheet and rill erosion[J]. Trans Amer Geophys Union, 1957, 38(6):889-896.

[42] Tiwari A K, Risse L M, Nearing M A. Evaluation of WEPP and its comparison with USLE and RUSLE.

Transactions of the ASAE,2000,43(5):1129-1135.

[43] Vinci A, Brigante R, Todisco F, et al. Measuring rill erosion by laser scanning [J]. Catena, 2015, 124: 97-108.

[44] Wilson B N, Storm D E. Fractal analysis of surface drainage networks for small upland areas, Trans. ASAE,1993,36(5):319-1326.

[45] Wischmeier W H, Smith D D. Predicting rainfall-erosion losses from cropland east of the Rocky Mountains[R]. USDA Agricultural handbook,1965.

[46] Wright A C, Webster R. A stochastic distributed model of soil erosion by overland flow[J]. Earth Surface Processes, 1991,16(3): 207-226.

[47] Yang C T. Incipient motion and sediment transport[J]. Journal of the Hydraulics Division, ASCE, 1973, 99(10): 1679-1704.

[48] Young R A, Mutchler C K. Soil movement on irregular slopes[J]. Water Resources Research, 1969, 5 (5): 1084-1085.

[49] Zhang G H, Liu Y M, Han Y F, et al. Sediment transport and soil detachment on steep slopes: I. Transport Capacity Estimation[J]. Soil Science Society of America, 2009, 73(4):1291-1297.

[50] Zingg A W. Degree and length of land slope as it affects soil loss in runoff[J]. Agricultural Engineering, 1940,21(2):59-64.

[51] 白清俊.黄土坡面细沟侵蚀带产流产沙模型研究[D].杨凌:西北农业大学,1999.

[52] 蔡强国,吴淑安.紫色土陡坡地不同土地利用对水土流失过程的影响[J].水土保持通报,1998,18(2):1-8.

[53] 曹文洪.土壤侵蚀的坡度界限研究[J].水土保持通报,1993,13(4):1-5.

[54] 陈法扬.不同坡度对土壤侵蚀冲刷量影响试验[J].中国水土保持,1985(2):18-19.

[55] 陈浩,王开章.黄河中游小流域坡沟侵蚀关系研究[J].地理研究,1999,18(4):363-372.

[56] 陈俊杰,孙莉英,蔡崇法,等.不同土壤坡面细沟侵蚀差异与其影响因素[J].土壤学报,2013,50(2):281-288.

[57] 陈明华,周伏建.坡度与坡长对土壤侵蚀的影响[J].水土保持学报,1995,9(1):31-36.

[58] 陈晓安,蔡强国,张利超,等.黄土丘陵沟壑区不同雨强下坡长对坡面土壤侵蚀的影响[J].土壤通报,2011,42(3):721-725.

[59] 陈永宗,景可,蔡强国.黄土高原现代侵蚀与治理[M].北京:科学出版社,1988.

[60] 陈永宗.黄河中游梯田的调查研究[M].北京:科学出版社,1958.

[61] 陈永宗.黄河中游黄土丘陵沟壑区坡地的侵蚀发育[J].地理集刊,1976(10):35-51.

[62] 程圣东,李鹏,李聪,等.降雨——植被格局耦合作用对坡沟系统水沙特征影响[J].应用基础与工程科学学报,2016,24(2):230-241.

[63] 崔灵周,朱永清,李占斌.基于分形理论和GIS的黄土高原流域地貌形态量化及应用研究[M].郑州:黄河水利出版社,2006.

[64] 丁文峰,李勉,姚文艺,等.坡沟侵蚀产沙关系的模拟试验研究[J].土壤学报,2008,45(1):32-39.

[65] 丁文峰,李勉,张平仓,等.坡沟系统侵蚀产沙特征模拟试验研究[J].农业工程学报,2006,22(3):10-14.

[66] 耿晓东.主要水蚀区坡面土壤侵蚀过程与机理对比研究[D].北京:中国科学院研究生院,2010.

[67] 何小武,张光辉,刘宝元.坡面薄层水流的土壤分离实验研究[J].农业工程学报,2003,19(6):52-55.

[68] 和继军,蔡强国,刘松波.次降雨条件下坡度对坡面产流产沙的影响[J].应用生态学报,2012,23

(5):1263-1268.

[69] 和继军,孙莉英,李君兰,等.缓坡面细沟发育过程及水沙关系的室内试验研究[J].农业工程学报,2012,28(10):138-144.

[70] 和继军,吕烨,宫辉力,等.细沟侵蚀特征及其产流产沙过程试验研究[J].水利学报,2013,44(4):398-405.

[71] 江忠善,王志强,刘志.黄土丘陵区小流域土壤侵蚀空间变化定量研究[J].土壤侵蚀与水土保持学报,1996,2(1):1-10.

[72] 江忠善,刘志.降雨因素和坡度对溅蚀影响的研究[J].水土保持学报,1989,3(2):29-35.

[73] 靳长兴.论坡面侵蚀的临界坡度[J].地理学报,1995,50(3):234-239.

[74] 琚彤军,田均良,刘普灵.REE示踪条带施放法研究坡面土壤侵蚀垂直分布规律[J].核农学报,1999,13(6):347-352.

[75] 孔亚平,张科利,唐克丽.坡长对侵蚀产沙过程影响的模拟研究[J].水土保持学报,2001,15(2):17-24.

[76] 孔亚平,张科利.黄土坡面侵蚀产沙沿程变化的模拟试验研究[J].泥沙研究,2003,2(1):33-38.

[77] 雷阿林,唐克丽.坡沟系统土壤侵蚀研究回顾与展望[J].水土保持通报,1997,17(3):37-43.

[78] 雷阿林.坡沟系统土壤侵蚀链动力机制模拟试验研究[D].陕西:中国科学院水利部水土保持研究所,1996.

[79] 雷廷武,张晴雯,姚春梅,等.WEPP模型中细沟可蚀性参数估计方法误差的理论分析[J].农业工程学报,2005,21(1):9-12.

[80] 雷廷武,张晴雯,赵军,等.细沟侵蚀动力过程输沙能力试验研究[J].土壤学报,2002,39(4):476-482.

[81] 雷廷武,Nearing M A.侵蚀细沟水力学特性及细沟侵蚀与形态特征的试验研究[J].水利学报,2000(11):49-54.

[82] 黎四龙,蔡强国,吴淑安,等.坡长对径流及侵蚀的影响[J].干旱区资源与环境,1998,12(1):29-35.

[83] 李勉,李占斌,刘普灵.中国土壤侵蚀定量研究进展[J].水土保持研究,2002,9(3):243-248.

[84] 李勉,姚文艺,陈江南,等.草被覆盖下坡沟系统坡面流能量变化特征试验研究[J].水土保持学报,2005,19:13-17.

[85] 李鹏,李占斌,郑良勇,等.坡面径流侵蚀产沙动力机制比较研究[J].水土保持学报,2005,19(3):66-69.

[86] 李全胜,王兆赛.坡面承雨强度和土壤侵蚀临界坡度的理论探讨[J].水土保持学报,1995,9(3):50-53.

[87] 李水根.分形[M].北京:高等教育出版社,2004.

[88] 廖义善,蔡强国,程琴娟.黄土丘陵沟壑区坡面侵蚀产沙地形因子的临界条件[J].中国水土保持科学,2008,6(2):32-38.

[89] 刘宝元,史培军.WEPP水蚀预报流域模型[J].水土保持通报,1998,18(5):6-12.

[90] 刘和平,王秀颖,刘宝元.短坡条件下侵蚀产沙与坡长的关系[J].水土保持学报,2011,25(2):1-5.

[91] 刘俊娥,王占礼,袁殷,等.黄土坡面薄层流侵蚀过程试验研究[J].水土保持通报,2010,30(3):27-30.

[92] 刘青泉,安翼.土壤侵蚀的3个基本动力学过程[J].科技导报,2007,25(14):29-37.

[93] 刘青泉,陈力,李家春.坡度对坡面土壤侵蚀的影响分析[J].应用数学和力学,2001,22(5):449-457.

[94] 刘善建. 天水水土流失测验的初步分析[J]. 科学通报,1953(12):59-65.

[95] 刘晓燕,杨胜天,金双彦,等. 黄土丘陵沟壑区大空间尺度林草植被减沙计算方法研究,水利学报,2014,45(2):135-141.

[96] 倪晋仁,张剑,韩鹏. 基于自组织理论的黄土坡面细沟形成机理模型[J]. 水利学报,2001(12):1-7.

[97] 倪九派,魏朝富,谢德体,等. 坡度对三峡库区紫色土坡面径流侵蚀的影响分析[J]. 泥沙研究,2009(2):29-33.

[98] 钱宁,万兆惠. 泥沙运动力学[M]. 北京:科学出版社,1983.

[99] 沈海鸥,郑粉莉,温磊,等. 降雨强度和坡度对细沟形态特征的综合影响[J]. 农业机械学报,2015,46(7):162-170.

[100] 石生新. 高强度人工降雨条件下地面坡度、植被对坡面产沙过程的影响[J]. 山西水利科技,1996,8(3):77-80.

[101] 唐克丽. 黄土高原地区土壤侵蚀区域特征及其治理途径[M]. 北京:中国科学技术出版社,1991.

[102] 汪晓勇,郑粉莉. 黄土坡面坡长对侵蚀—搬运过程的影响研究[J]. 水土保持通报,2008,28(3):1-4.

[103] 王贵平,白迎平,贾志军,等. 细沟发育及侵蚀特征初步研究[J]. 中国水土保持,1988(5):15-18.

[104] 王军光,李朝霞,蔡崇法,等. 集中水流内红壤分离速率与团聚体特征及抗剪强度定量关系[J]. 土壤学报,2011,48(6):1133-1140.

[105] 王玲玲,姚文艺,王文龙,等. 黄丘区不同空间尺度地貌单元产沙特征及其动力机制[J]. 土壤学报,2013,50(2):275-280.

[106] 王文龙,王兆印,雷阿林,等. 黄土丘陵区坡沟系统不同侵蚀方式的水力特性初步研究[J]. 中国水土保持科学,2007,5(2):11-17.

[107] 王协康,方铎. 坡地侵蚀平面形态的研究[J]. 四川水力发电,1998,17(2):83-86.

[108] 王瑄,李占斌,李雯,等. 土壤剥蚀率与水流功率关系室内模拟实验[J]. 农业工程学报,2006,22(2):185-187.

[109] 王雪松,谢永生. 模拟降雨条件下锥状工程堆积体侵蚀水动力特征[J]. 农业工程学报,2015,31(1):117-124.

[110] 王玉宽. 黄土丘陵沟壑区坡面径流侵蚀试验研究[J]. 中国水土保持,1993(7):22-26.

[111] 王占礼,王亚云,黄新会,等. 黄土裸坡土壤侵蚀过程研究[J]. 水土保持研究,2004,11(4):84-87.

[112] 卫伟,陈利顶,温智,等. 黄土小流域水沙输移过程对土地利用/覆被变化的响应,生态环境学报2012,21(8):1398-1402.

[113] 魏天兴,朱金兆. 黄土残源沟壑区坡度和坡长对土壤侵蚀的影响分析[J]. 北京林业大学学报,2002,24(1):59-62.

[114] 魏霞,李勋贵,李占斌,等. 黄土高原坡沟系统径流水动力学特性试验[J]. 农业工程学报,2009,25(10):19-24.

[115] 吴普特,周佩华,武春龙,等. 坡面细沟侵蚀垂直分布特征研究[J]. 水土保持研究,1997,4(2):47-56.

[116] 吴普特,周佩华. 地表坡度对雨滴溅蚀的影响[J]. 水土保持通报,1991,11(3):8-13.

[117] 吴普特,周佩华. 地表坡度与薄层水流侵蚀关系的研究[J]. 水土保持通报,1993,13(3):1-5.

[118] 吴淑芳,刘政鸿,霍云云,等. 黄土坡面细沟侵蚀发育过程与模拟[J]. 土壤学报,2015,52(1):48-56.

[119] 肖培青,姚文艺,申震洲,等. 苜蓿草地侵蚀产沙过程及其水动力学机理试验研究[J]. 水利学报,2011,42(2):232-237.

[120] 肖培青,姚文艺,申震洲,等. 植被影响下坡面侵蚀临界水流能量试验研究[J]. 水科学进展,2011,

22(2):229-234.

[121] 肖培青,郑粉莉,汪晓勇,等.黄土坡面侵蚀方式演变与侵蚀产沙过程试验研究[J].水土保持学报,2008,22(1):24-27.

[122] 肖培青,郑粉莉,姚文艺.坡沟系统侵蚀产沙及其耦合关系研究[J].泥沙研究,2007(2):30-35.

[123] 肖培青,郑粉莉,姚文艺.坡沟系统坡面径流流态及水力学参数特征研究[J].水科学进展,2009,20(2):236-240.

[124] 薛海,孔纯胜,熊秋晓,等.坡面沟蚀及其分形特性试验研究[J].人民黄河,2008,30(12):90-93.

[125] 严冬春,王一峰,文安邦,等.紫色土坡耕地细沟发育的形态演变[J].山地学报,2001,29(4):469-473.

[126] 严冬春,文安邦,史忠林,等.三峡库区紫色土坡耕地细沟发生的临界坡长[J].长江科学院院报,2010,27(11):58-61.

[127] 杨春霞,李莉,王佳欣,等.坡沟系统侵蚀时空分布特征试验研究[J].人民黄河,2017,39(1):104-107.

[128] 杨春霞,姚文艺.坡面地貌分形特征对径流动力学参数的响应[C]//河海大学主编.第八届全国泥沙基本理论研究学术讨论会论文集.南京:河海大学出版社,2011.143-147.

[129] 姚文艺,李占斌,康玲玲.黄土高原土壤侵蚀治理的生态环境效应[M].北京:科学出版社,2005.

[130] 姚文艺,肖培青,申震洲,等.坡面产流过程及产沙临界对立地条件的响应关系[J].水利学报,2011,42(12):1438-1445.

[131] 原立峰,吴淑芳,刘星飞,等.基于元胞自动机的黄土坡面细沟侵蚀模型研究[J].土壤学报,2012,49(5):1043-1049.

[132] 张风宝,杨明义.基于7Be示踪和细沟沟网分形维数研究坡面土壤侵蚀[J].核农学报,2010,24(5):1032-1037.

[133] 张光辉,刘宝元,张科利.坡面径流分离土壤的水动力学实验研究[J].土壤学报,2002,39(6):882-886.

[134] 张光辉.土壤侵蚀模型研究现状与展望[J].水科学进展,2002(3):389-396.

[135] 张光科,方铎.坡面径流侵蚀量随坡度变化规律初探[J].水文,1996(6):45-48.

[136] 张会茹,郑粉莉,耿晓东.地面坡度对红壤坡面土壤侵蚀过程的影响研究[J].水土保持研究,2009,16(4):52-59.

[137] 张莉,张青峰,郑子成,等.基于M-DEM的黄土人工锄耕坡面水系分维特征研究[J].水土保持研究,2012,19(5):7-11.

[138] 张攀,姚文艺,唐洪武,等.模拟降雨条件下坡面细沟形态演变与量化方法[J].水科学进展,2015,26(1):51-58.

[139] 张新和,郑粉莉,张鹏.黄土坡面侵蚀方式演变过程中汇水坡长的侵蚀产沙作用分析[J].干旱地区农业研究,2007,25(6):126-131.

[140] 张信宝,文安邦.黄土峁坡农地侵蚀与坡长的关系[J].中国水土保持,1998(1):17-25.

[141] 章文波,谢云,刘宝元.用雨量和雨强计称次降雨侵蚀力[J].地理研究,2002,21(3):384-390.

[142] 赵晓光,吴发启,刘秉正,等.再论土壤侵蚀的坡度界限[J].中国水土保持,1999,6(2):42-46.

[143] 郑粉莉,康绍忠.黄土坡面不同侵蚀带侵蚀产沙关系及其机理[J].地理学报,1998,53(5):422-428.

[144] 郑粉莉,唐克丽.坡耕地细沟侵蚀影响因素的研究[J].土壤学报,1989,26(2):109-116.